国家中职示范校烹饪专业课程系列教材

中式面点工艺

ZHONGSHI MIANDIAN GONGYI

苏德胜 主编

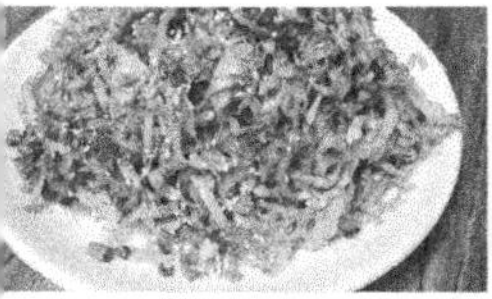

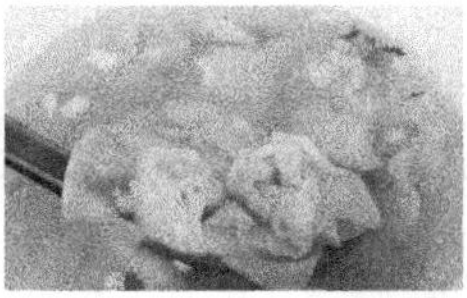

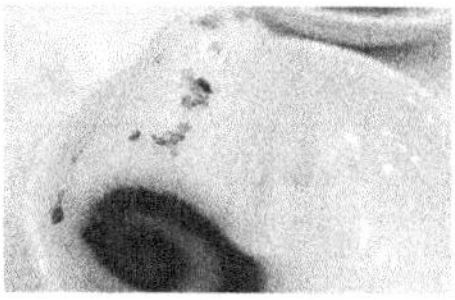

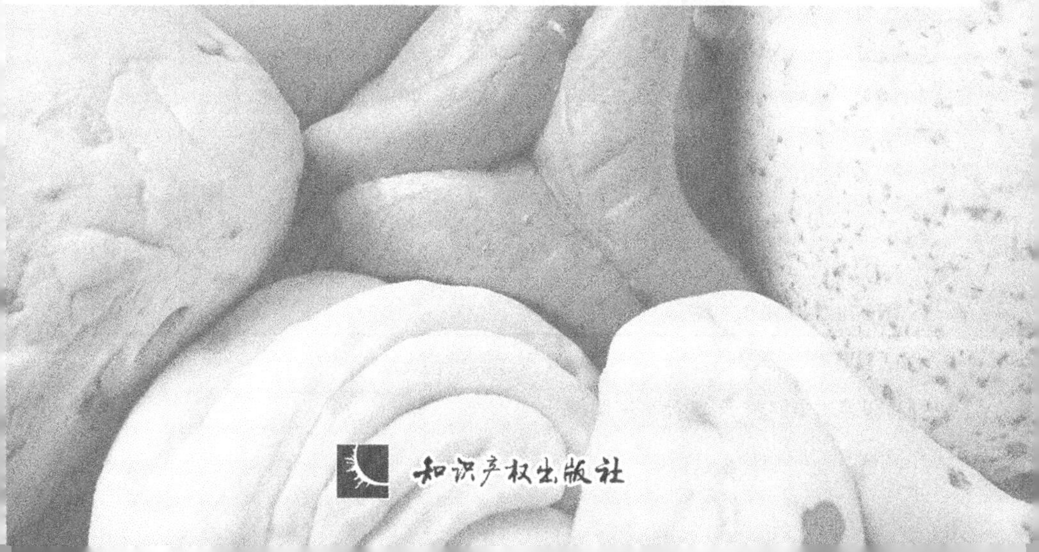

知识产权出版社

图书在版编目（CIP）数据

中式面点工艺 / 苏德胜主编. 一北京：知识产权出版社, 2015.8
ISBN 978-7-5130-3659-7

Ⅰ. ①中…　Ⅱ. ①苏…　Ⅲ.①面点－制作－中国－中等专业学校－教材
Ⅳ. ①TS972.116

中国版本图书馆 CIP 数据核字(2015)第 165051 号

内容提要

本书是为了适应国家中职示范校建设的需要，为开展烹饪专业领域高素质、技能型人才培养培训而编写的新型校本教材。主要内容分为水调面团制品、膨松面团制品、油酥面团制品、其他面团制品四大部分，各类制品共计 100 多个品种。详细讲解了每一个品种的配方、工艺流程、制作过程、风味特点、技术要点五方面的内容。本书可作为高技能人才培训基地、高职高专、技工院校烹饪专业教学实训用书。

责任编辑：彭喜英　李海波

中式面点工艺

苏德胜　主编

出版发行：知识产权出版社有限责任公司	网　　址：http://www.ipph.cn
电　　话：010-82004826	http://www.laichushu.com
社　　址：北京市海淀区西外太平庄 55 号	邮　　编：100081
责编电话：010-82000860 转 8539	责编邮箱：pengxyjane@163.com
发行电话：010-82000860 转 8101/8029	发行传真：010-82000893/82003279
印　　刷：北京中献拓方科技发展有限公司	经　　销：各大网上书店、新华书店及相关专业书店
开　　本：880mm×1230mm　1/32	印　　张：6.75
版　　次：2015 年 8 月第 1 版	印　　次：2015 年 8 月第 1 次印刷
字　　数：174 千字	定　　价：23.00 元

ISBN 978-7-5130-3659-7

牡丹江市高级技工学校

教材建设委员会

主　　任　原　敏　杨常红

委　　员　王丽君　卢　楠　李　勇　沈桂军
刘　新　杨征东　张文超　王培明
孟昭发　于功亭　王昌智　王顺胜
张　旭　李广合

本书编委会

主　　编　苏德胜

副 主 编　车京云　李　旭　高慧丽

编　　者

学校人员　马良荣　林　鹏　邱腊梅　许春艳
邢冬燕　孙　丽

企业人员　吴瑞娥　高　尚　张艳双

前　言

2013 年 4 月，牡丹江市高级技工学校被三部委确定为“国家中等职业教育改革发展示范校”创建单位。为扎实推进示范校项目建设，切实深化教学模式改革，实现教学内容的创新，使学校的职业教育更好地适应本地经济特色，学校广泛开展行业、企业调研，反复论证本地相关企业的技能岗位的典型任务与技能需求，在专业建设指导委员会的指导与配合下，科学设置课程体系，积极组织广大专业教师与合作企业的技术骨干研发和编写具有我市特色的校本教材。

示范校项目建设期间，我校的校本教材研发工作取得了丰硕成果。2014 年 8 月，《汽车营销》教材在中国劳动社会保障出版社出版发行。2014 年 12 月，学校对校本教材严格审核，评选出《零件的数控车床加工》《模拟电子技术》《中式烹调工艺》等 20 册能体现本校特色的校本教材。这套系列教材以学校和区域经济作为本位和阵地，在学生学习需求和区域经济发展分析的基础上，由学校与合作企业联合开发和编制。教材本着“行动导向、任务引领、学做结合、理实一体”的原则编写，以职业能力为核心，有针对性地传授专业知识和训练操作技能，符合新课程理念，对学生全面成长和区域经济发展也会产生积极的作用。

各册教材的学习内容分别划分为若干个单元项目，再分为若干个学习任务，每个学习任务包括任务描述及相关知识、操作步骤和方法、思考与训练等，适合各类学生学用结合、学以致用的学习模式和特点，适合各类中职学校使用。

《中式面点工艺》是为了适应国家中职示范校建设的需要，为开展烹饪专业领域高素质、技能型才培养培训而编写的新型校本教材。

本书主要内容分为水调面团制品、膨松面团制品、油酥面团制品、其他面团制品四大部分，各类制品共计 100 多个品种。详细讲解了每一个品种的配方、工艺流程、制作过程、风味特点、技术要点五方面的内容。由于时间与水平有限，书中不足之处在所难免，恳请广大教师和学生批评指正，希望读者和专家给予帮助指导！

牡丹江市高级技工学校校本教材编委会

2015 年 3 月

目　录

项目一　水调面团

任务一　饺子类 …… 1
一、生猪肉馅水饺 …… 1
二、蒸饺 …… 2
三、锅烙 …… 4
四、凤眼饺 …… 5
五、四喜饺 …… 6
六、白菜饺 …… 8
七、冠顶饺 …… 10
八、烧卖 …… 11
任务二　面汤类 …… 13
一、抻面 …… 13
二、手撕面 …… 18
三、打卤面（尖椒茄子卤） …… 19
四、肉丝面 …… 20
五、炸酱面 …… 21
六、炒面 …… 22
七、手擀面 …… 23
八、长寿面 …… 24
九、片儿汤 …… 25
十、珍珠汤 …… 26
十一、馄饨 …… 27
任务三　饼类 …… 28
一、扎面春饼 …… 28

二、春饼合子 …… 30
三、煎饼合子 …… 31
四、扎面馅饼 …… 32
五、推边合子 …… 36
六、锄板合子 …… 37
七、金丝饼 …… 38
八、草帽饼 …… 39
九、双花家常饼 …… 41
十、小油饼 …… 42
十一、鸡蛋灌饼 …… 43
十二、单饼 …… 45
十三、春饼 …… 46
十四、合饼 …… 47
十五、葱油饼 …… 48
十六、回头 …… 49

项目二　膨松面团

任务一　蒸制品 …… 52
一、馒头 …… 52
二、刀切馒头 …… 53
三、玉米发糕 …… 54
四、黑米面发糕 …… 55
五、玉米面馒头 …… 56
六、黑米面馒头 …… 57
七、枣馒头 …… 58
八、油煎棒馍 …… 59
九、豆沙包 …… 60
十、圆花卷 …… 61
十一、一字卷 …… 63
十二、纹联卷 …… 64
十三、猪蹄卷 …… 65

十四、扇子卷 …… 67

十五、白菜卷 …… 68

十六、元宝卷 …… 69

十七、燕尾卷 …… 70

十八、荷花卷 …… 71

十九、荷叶卷 …… 73

二十、豆沙卷 …… 74

二十一、佛手卷 …… 75

二十二、鸳鸯卷 …… 76

二十三、蝴蝶卷 …… 77

二十四、麦穗包 …… 78

二十五、糖三角 …… 80

二十六、石榴包 …… 81

二十七、什锦包 …… 82

二十八、天津包 …… 83

二十九、四喜卷 …… 85

三十、双色菊花卷 …… 86

三十一、蝶形卷 …… 87

三十二、黑米花卷 …… 89

三十三、千层饼 …… 90

三十四、火腿卷 …… 91

三十五、水煎包 …… 92

三十六、家常包 …… 94

三十七、酸菜包 …… 95

三十八、山东包子 …… 96

三十九、菜团子 …… 98

四十、梅花糕 …… 99

任务二　烤制品 …… 101

一、大抹酥 …… 101

二、烤饼 …… 102

三、五七饼 …… 103
四、五香饼 …… 104
五、盘瓤饼（圈饼） …… 105
六、多层发面大饼 …… 106
七、糖馅发面饼 …… 108
八、豆沙发面饼 …… 109
九、麻辣饼 …… 110
十、糖发面 …… 111
十一、奶油面包 …… 112
十二、琵琶扣 …… 114
十三、双环 …… 115
十四、烤麻花 …… 116
十五、虎皮糕 …… 117
十六、象眼糕 …… 118
十七、卷糕 …… 120
十八、三色糕 …… 121
任务三　烤制品 …… 123
一、蜂蜜麻花 …… 123
二、糖酥麻花 …… 125
三、发面麻花 …… 126
四、套环 …… 127
五、油条 …… 129
六、大片果子 …… 133

项目三　油酥面团

任务一　烤制品 …… 135
一、糖酥饼 …… 135
二、砂糖酥 …… 137
三、十字酥 …… 138
四、双头酥 …… 139
五、方酥 …… 141

六、牛利酥（牛舌酥） …… 142
七、芝麻盖 …… 143
八、芝麻圈酥饼 …… 145
九、刀拉酥 …… 146
十、四喜酥 …… 147
十一、鸭子酥 …… 149
十二、三刀酥 …… 151
十三、乌龙酥 …… 152
十四、四角酥 …… 153
十五、佛手酥 …… 155
十六、鸡雏酥 …… 157
十七、蛤蟆酥 …… 158
十八、虎蹄酥 …… 160
十九、杂瓣酥 …… 161
二十、崴虎酥 …… 163
二十一、菊花酥 …… 164
二十二、梅花酥 …… 166
二十三、刺猬酥 …… 167
二十四、鸡爪酥 …… 169
二十五、白皮酥 …… 170
二十六、椒盐酥 …… 172
二十七、水晶酒香酥 …… 173
任务二　烤制品 …… 175
一、千层酥 …… 175
二、雪花酥 …… 176

项目四　其他面团

任务一　蔬菜制品 …… 178
一、火腿土豆饼 …… 178
二、萝卜丝饼 …… 179
三、土豆丝饼 …… 180

任务二　薯茸制品 …… 181

一、麻香枣 …… 181

二、薯茸饼 …… 182

任务三　糯面制品 …… 183

一、粽子 …… 183

二、年耗子 …… 185

三、凉糕 …… 186

四、麻团 …… 187

五、汤圆 …… 188

六、双色汤圆 …… 189

任务四　米类制品 …… 191

一、蛋煎糯米饼 …… 191

二、粳米饭 …… 193

三、扬州炒饭 …… 193

四、蛋炒饭 …… 194

五、鱼香肉丝盖浇饭 …… 195

六、大米粥 …… 196

七、大米绿豆粥 …… 197

任务五　米类制品 …… 198

一、玉米饼 …… 198

二、大碴粥 …… 199

任务六　澄面制品 …… 200

虾饺 …… 200

任务七　蛋制品 …… 202

鸡蛋饼 …… 202

项目一　水调面团

任务一　饺子类

一、生猪肉馅水饺

（一）配方

皮料：面粉 500 g　水 200 g　盐 2 g

馅料：肉馅 500 g　盐 2～3 g　酱油 10 g　鲜贝露 10 g　芝麻油 10 g
花椒面 3～5 g　味素 3～5 g　鸡粉 3～5 g　蚝油 10 g
胡椒粉 3～5 g　料酒 10 g　姜末 10 g　白糖 1～2 g
葱花 25～50 g　熟豆油 25～50 g　水 175～200 g（或高汤）

（二）工艺流程

和面→揉面→搓条→下剂→制皮→上馅→成形→熟制

制馅→（上馅）

（三）制作过程

1. 制馅：猪肉剁成碎末放入盆内，加调料煨好口，5 分钟后加水，加味素，并顺着同一个方向搅拌至肉馅呈黏稠状即可。水要分 2～3 次加入，第一次加 70%的水，每次间隔 15 分钟。水上好 10 分钟后加熟豆油，同时加葱花，拌匀备用。

2. 和面：将面粉内加入盐及 30 ℃左右的水调和均匀，揉匀、揉透后饧面 30 分钟。

3. 成形：饧好的面坯搓成长条，直径约 1.5 cm，揪 70 个剂，搓圆，按扁，擀皮，包馅捏成半月形饺子生坯。

4. 熟制：用旺火沸水煮制。生饺子下锅后，立即用勺背轻轻推动，让制品在水中转起来，以免生坯粘连或粘锅底，待饺子浮起，要点 2～3 次水，保持锅内水沸而不腾，待饺子皮鼓起，皮与馅心脱离，按之即起，皮无白茬馅心发硬即熟。用漏勺捞出饺子，沥干水分，盛入盘中即成。

（四）风味特点

皮薄馅大，爽滑筋道，鲜咸而香，柔软松嫩。

（五）技术要点

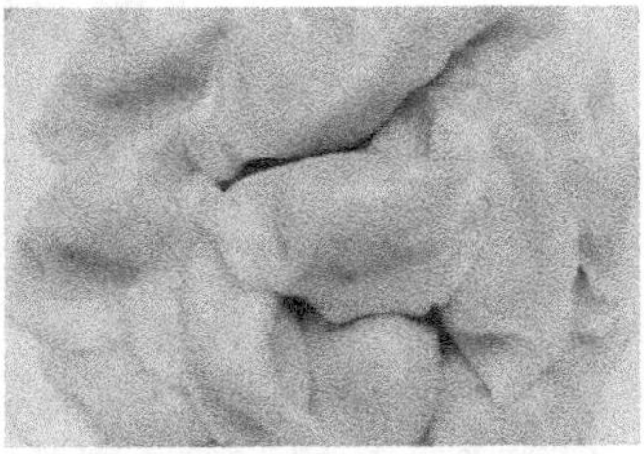

1. 面团软硬要适当。面团若过软，面团的延伸性过大，擀皮时面皮易变形，包馅后的饺皮彼此易粘连或黏附盛器，且饺子不耐煮。面团若太硬，面皮不易擀薄，包馅时饺皮不易黏合。

2. 揉好的面团要饧好后方宜搓条。刚揉好的面团，面筋处于紧张状态，韧性强。此时的面团若立即进行搓条，则条的延伸性差，不易搓长，且易断裂。将面团放置饧好后，使面筋得到松弛，延伸性增大，同时面团的黏性下降，表面光滑，再进一步操作就容易进行了。

3. 制馅加水时，要边加水边搅，不要一次将水全部加入，以保证馅心黏稠，不脱水。

4. 皮子要薄厚均匀，成形时要边窄，肚鼓。

5. 煮饺时，水要宽，水和制品的比例是 5∶1。

二、蒸饺

（一）配方

皮料：面粉 500 g　猪大油 50 g　沸水 200～250 g

馅料：猪肉馅 500 g　酱油 10 g　胡椒粉 3～5 g　花椒面 3～5 g
蚝油 10 g　味素 3～5 g　白糖 1～2 g　鲜贝露 10 g
精盐 3 g　姜末 10 g　水 175 g　料酒 10 g　熟豆油 25～50 g
芝麻油 10 g　鸡粉 3～5 g　葱花 25～50 g

（二）工艺流程

烫面→揉面→散热→搓条→下剂→制皮→上馅→成形→熟制

制馅→上馅

（三）制作过程

1. 制馅：猪肉馅加调料煨好口，5 分钟后加水、味素，并顺着同一个方向搅拌至肉馅呈黏稠状即可。水要分 2～3 次加入，第一次加 70%的水，每次加水间隔 15 分钟。水上好 10 分钟后加熟豆油，同时加葱花拌匀备用。

2. 和面：面粉置案板上摊开，浇上沸水，边浇边搅拌，而后加入猪大油，淋上少许的冷水，再用掌根擦匀、擦透，最后将面团摊开，晾凉后揉和成团，饧 15 分钟后使用。

3. 成形：将饧好的面团搓成条，直径 2 cm，揪成 40 个面剂，擀成中间稍厚边缘略薄、直径 8 cm 的圆皮。左手托皮，右手持馅匙，把馅拨入剂皮中心，包好捏严，呈半月形饺子生坯。

4. 熟制：生坯上屉，旺火大汽蒸 5～6 分钟。

（四）风味特点

皮薄软糯，馅心松嫩，汁多不腻，口味鲜香。

（五）技术要点

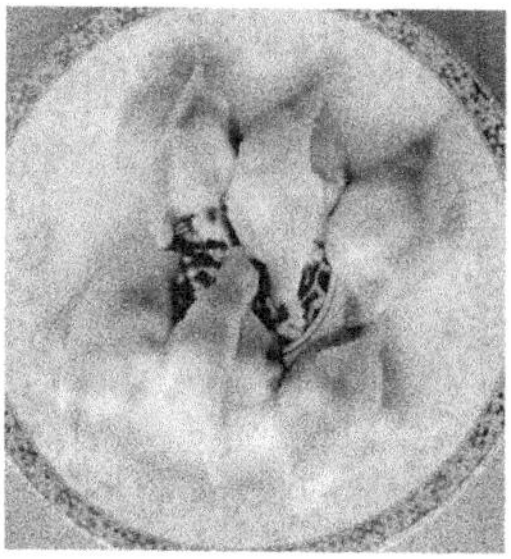

1. 面要烫透，揉匀。但不能多揉，防止上劲，失去烫面特点。

2. 淋洒冷水的作用是驱散热气，制品食用时不粘。

3. 面要晾透，否则成品容易结皮，且表面粗糙，开裂。

4. 皮子要薄厚均匀，饺子要包严，不露馅。

5. 蒸时不可过火。

三、锅烙

（一）配方

皮料：面粉 500 g　猪大油 50 g　沸水 200～250 g

馅料：猪肉馅 500 g　酱油 10 g　胡椒粉 3～5 g　花椒面 3～5 g　蚝油 10 g　味素 3～5 g　白糖 1～2 g　鲜贝露 10 g　精盐3 g　姜末 10 g　水 150 g　料酒 10 g　熟豆油 25～50 g　芝麻油 10 g　鸡粉 3～5 g　葱花 25～50 g

（二）工艺流程

烫面→揉面→散热→搓条→下剂→制皮→上馅

制馅→上馅

上馅→成形→熟制

（三）制作过程

1. 制馅：猪肉馅加调料煨好口，5 分钟后加水、味素，并顺着一个方向搅拌至肉馅呈黏稠状即可。水要分 2～3 次加入，第一次加 70%的水，每次加水间隔 15 分钟。水上好 10 分钟加熟豆油，同时加葱花拌匀备用。

2. 和面：面粉置案板上摊开，浇上沸水，边浇边搅拌，而后加入猪大油，淋上少许的冷水，再用掌根擦匀、擦透，最后将面团摊开，晾凉后揉和成团，饧 15 分钟后使用。

3. 成形：将饧好的面团搓成条，直径 2 cm，揪成 40 个面剂，擀成中间稍厚边缘略薄、直径 8 cm 的圆皮。左手托皮，右手持馅匙，把馅拨入剂皮中心，包好捏严，呈半月形饺子生坯。

4. 熟制：将饼铛加热至 180～210 ℃，淋上生豆油，逐个码上锅烙生坯，待生坯底呈黄色嘎渣儿，即可浇上 350 ～400 g 面芡，盖上锅盖，烙 5 ～6 分钟，水分熥干即熟。

（四）风味特点

皮面柔糯，底面焦脆，黄亮油润，肉馅鲜香。

（五）技术要点

1. 面要烫透，揉匀。但不能多揉，防止上劲，失去烫面特点。

2. 淋洒冷水的作用是驱散热气，制品食用时不粘。

3. 面要晾透，否则成品容易结皮，且表面粗糙，开裂。

4. 皮子要薄厚均匀，锅烙要包严，不露馅。

5. 成熟时锅温不宜过高，避免底部焦煳。

6. 浇面芡时，面芡要调匀，浇匀。

四、凤眼饺

（一）配方

皮料：玉兰粉 500 g　猪大油 50 g　温水 200 g

馅料：猪肉馅 300 g　水发海参 100 g　大虾 100 g　姜末 10 g　葱花 25 g　花椒面 3 g　胡椒粉 3 g　精盐 3g　味素 5 g　熟豆油 25 g　鸡粉 5 g　料酒 10 g　香油 10 g　白糖 1 g　海鲜酱油 10 g　青豆 50 g　水 100 g

（二）工艺流程

烫面→揉面→散热→搓条→下剂→制皮→上馅→成形→熟制

制馅→上馅

（三）制作过程

1. 制馅：猪肉馅，大虾（去皮去虾线）、海参切成小丁，加调料拌匀，5 分钟后加 150 g 凉水同时加味素并向一个方向搅拌成黏稠状，待 10 分钟后加熟豆油，同时放葱花拌匀成馅。

2. 和面：面粉摊放在案板上，浇上温水（70 ℃），边浇边搅拌，而后加入猪板油，淋上少许的冷水，并用掌根擦匀、擦透，最后将面团摊开，晾凉揉和成团，饧置 15 分钟。

3. 成形：将饧好的面团搓成圆条，直径为 2 cm，揪 40 个面剂，擀成厚薄均匀、直径 7～8 cm 的圆皮，左手持皮，右手用馅匙挑入 10 g 馅心，并将皮的前后两侧向上翻，再将左右两角用左右手食指尖往里顶出一个凹，使中间凹陷突出（见图 1），两头尖并有两个小孔（见图 2），再把两粒青豆嵌入孔洞形成凤眼饺。

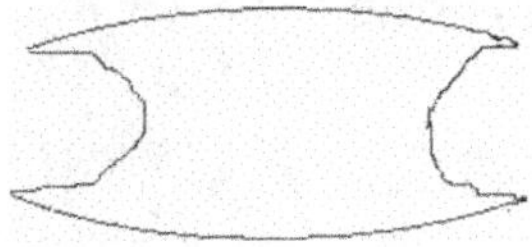

图 1

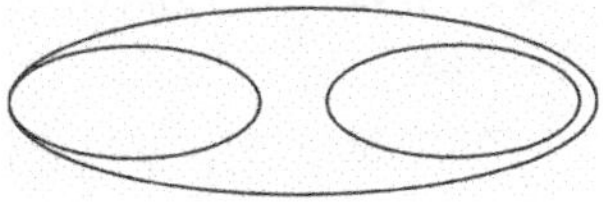

图 2

4. 熟制：将成形的生坯摆入笼屉中，用旺火蒸 5～6 分钟，即熟。

（四）风味特点

色泽较白，糯中有韧，馅嫩鲜香，形似凤眼。

（五）技术要点

1. 水温与水量要适当。水温适当能保证面团的特性，水量适当能保证面团所需的软硬程度。

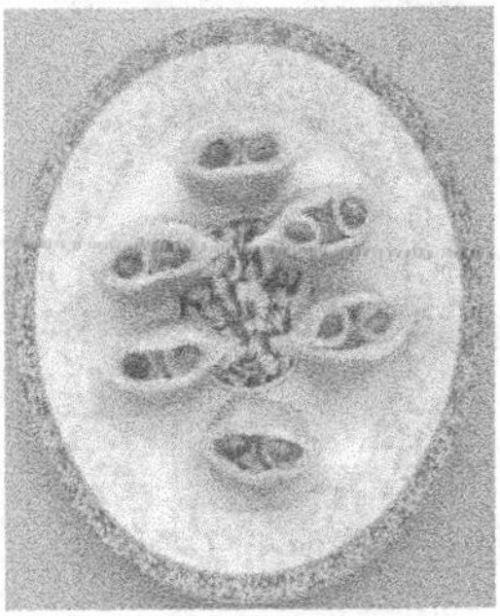

2. 温水面团成团后要摊开散热，若热量聚集在面团内部，易使淀粉继续膨胀、糊化，面团会逐渐变软、变稀，粘手，制品成形后易结壳，表面粗糙。

3. 备用的面团要用湿布盖上，避免表皮结壳。

4. 成形时交口处要捏紧，避免成熟时散烂。

5. 蒸制时掌握好火候，蒸制时间要适宜，不能久蒸。

五、四喜饺

（一）配方

皮料：面粉 500 g　猪大油 50 g　温水 200 g

馅料：猪肉 300 g　海参 100 g　大虾 100 g　姜末 10 g　花椒 3 g
胡椒粉 3 g　精盐 3 g　味素 3～5 g　鸡粉 3～5 g　料酒 10 g
香油 10 g　白糖 1～2 g　葱花 25 g　熟豆油 25 g
海鲜酱油 10 g　水 100 g

饰料：蛋皮末 50 g　火腿末 75 g　青椒末 100 g　精盐 2 g
味素 2 g　芝麻油 20 g　水发香菇末 100 g

（二）工艺流程

和面→揉面→散热→搓条→下剂→制皮→上馅

制馅→上馅

上馅→成形→装饰点缀→成熟→装盘

（三）制作过程

1. 制馅：猪肉剁成馅，大虾（去皮去虾线）同海参切成小丁，加调料，5 分钟后加 150 g 水同时加味素并向一个方向搅拌成黏稠状，待 10 分钟后加豆油，同时放入葱花拌匀成馅。青椒洗净后焯水，并用冷水漂凉，再切成碎末，分别将青椒末、香菇末、蛋皮末加调味品调味后备用。

2. 和面：面粉摊在案板上，浇上温水（70 ℃左右），边浇边搅，而后加入猪板油，淋上少许的冷水，并用掌根擦匀、擦透。最后将面团摊开，晾凉揉和成团，饧置 15 分钟。

3. 制皮：将饧好的面团搓成直径 2.5 cm 的圆条，揪 40 个面剂，擀成厚薄均匀、直径 8 cm 的圆皮。

4. 成形：左手托皮，右手用馅匙拨上肉馅，再用右手把皮提起来，中间对捏分成四份，捏成四个角，把四个角的八个边从中间将每相挨的两个边捏在一起，从上边看即成四个大孔洞，然后将青椒末、香菇末、蛋皮末、火腿末分别填入四个大孔眼中，即成四喜饺生坯。

5. 熟制：生坯放入蒸笼中用旺火沸水蒸 5～6 分钟即熟。

（四）风味特点

造型美观，色彩鲜艳，口味鲜香。

（五）技术要点

1. 水温与水量要适当。水温适当能保证面团的特性，水量适当能保证面团所需的软硬程度。

2. 温水面团成团后要摊开以散热，若热量聚集在面团内部，易使淀粉继续膨胀、糊化，面团会逐渐变软、变稀，粘手，制品成形后易结壳，表面粗糙。

3. 备用的面团要用湿布盖上，避免表皮结壳。

4. 成形时交口处要捏紧，避免成熟时散烂。

5. 蒸制时掌握好火候，蒸制时间要适宜，不能久蒸。

六、白菜饺

（一）配方

皮料：面粉 500 g　猪大油 50 g　温水 200 g

馅料：猪肉 300 g　水发海参 100 g　大虾 100 g　姜末 10 g　花椒 3 g　白糖 1～2 g　胡椒粉 3 g　精盐 3 g　味素 3 g　鸡粉 3 g　料酒 10 g　香油 10 g　葱花 25 g　熟豆油 25 g　海鲜酱油 10 g

（二）工艺流程

和面→揉面→散热→搓条→下剂→制皮→上馅

制馅→上馅

上馅→成形→装饰点缀→成熟→装盘

（三）制作过程

1. 制馅：猪肉剁成馅，大虾（去皮去虾线）同海参切成小丁，加调料，5 分钟后加 150 g 水同时加味素并向一个方向搅拌成黏稠状，待 10 分钟后加豆油，同时放入葱花拌匀成馅。青椒洗净后焯水，并用冷水漂凉，再切成碎末，分别将青椒末、香菇末、蛋皮末加调味品调味后备用。

2. 和面：面粉摊在案板上，浇上温水（70 ℃左右），边浇边搅，而后加入猪板油，淋上少许的冷水，并用掌根擦匀、擦透。最后将面团摊开，晾凉揉和成团，饧置 15 分钟。

3. 制皮：将饧好的面团搓成直径 2.5 cm 的圆条，揪 40 个面剂，擀成厚薄均匀、直径 8 cm 的圆皮。

4. 成形：在圆形皮坯中间放上馅心，四周涂上蛋液，将圆面皮五等分后向上向中间捏拢成五个角，角上呈五条双边，将五条双边分别捏紧，然后用手将每条边由内向外、由上向下逐条边推捏出波浪形花纹，把每条边的下端捏上来，用蛋液粘在邻边的一片菜叶的边上，即成白菜饺生坯。

5. 熟制：生坯放入蒸笼中用旺火沸水蒸 5～6 分钟即熟。

（四）风味特点

造型美观，色彩鲜艳，口味鲜香。

（五）技术要点

1. 水温与水量要适当。水温适当能保证面团的特性，水量适当能保证面团所需的软硬程度。

2. 温水面团成团后要摊开以散热，若热气聚集在面团内部，易使淀粉继续膨胀、糊化，面团会逐渐变软、变稀，粘手，制品成形后易结壳，表面粗糙。

3. 备用的面团要用湿布盖上，避免表皮结壳。

4. 成形时交口处要捏紧，避免成熟时散烂。

5. 蒸制时掌握好火候，蒸制时间要适宜，不能久蒸。

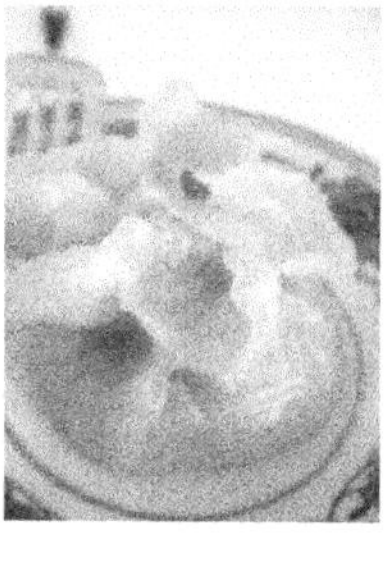

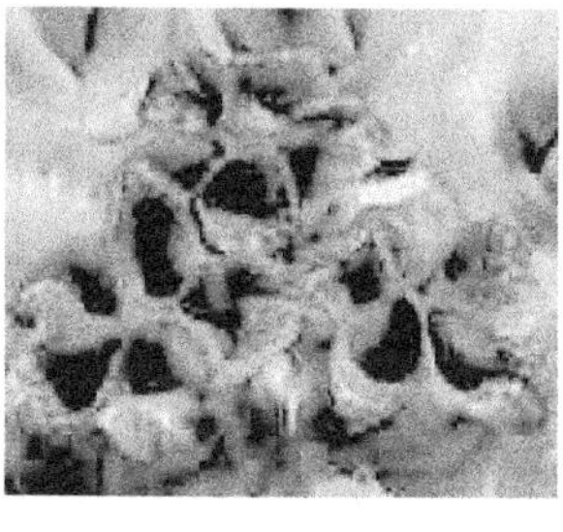

七、冠顶饺

（一）配方

皮料：面粉 500 g　猪板油 50 g　温水 200 g

馅料：猪肉 300 g　水发海参 100 g　大虾 100 g　姜末 10 g　花椒 3 g　胡椒粉 3 g　海鲜酱油 10 g　味素 5 g　鸡粉 5 g　料酒 10 g　香油 10 g　熟豆油25 g　白糖 1 g　葱花 25 g　精盐 3 g

饰料：蛋皮末 50 g　青椒末 100 g　火腿末 75 g　红樱桃 20 g　精盐 5 g　味素 3 g　水发香菇末 100 g　芝麻油 20 g

（二）工艺流程

和面→揉面→散热→搓条→下剂→制皮→上馅

制馅→上馅

上馅→成形→装饰点缀→成熟→装盘

（三）制作过程

1. 制馅：猪肉剁成馅，大虾（去皮去虾线）同海参切成小丁，加调料，5 分钟后加 150 g 水同时加味素并向一个方向搅拌成黏稠状，待 10 分钟后加豆油，同时放入葱花拌匀成馅。青椒洗净后焯水，并用冷水漂凉，再切成碎末，分别将青椒末、香菇末、蛋皮末加调味品调味后备用。

2. 和面：面粉摊在案板上，浇上温水（70 ℃左右），边浇边搅，而后加入猪板油，淋上少许的冷水，并用掌根擦匀、擦透。最后将面团摊开，晾凉揉和成团，饧置 15 分钟。

3. 制皮：将饧好的面团搓成直径 2.5 cm 的圆条，揪 40 个面剂，擀成厚薄均匀、直径 8 cm 的圆皮。

4. 成形：将圆皮的边三等分后向反面折成三角形，正面放上馅心，三条边涂上蛋液，然后将三条边的三个角向上拢起，将每条边对折捏紧，顶部留一小孔，用拇指和食指将每条边推捏出波浪花纹，将反面原折起的边翻出，顶上放一颗红樱桃，即成冠顶饺生坯。

5. 熟制：生坯放入蒸笼中用旺火沸水蒸 5～6 分钟即熟。

（四）风味特点

造型美观，色彩鲜艳，口味鲜香。

（五）技术要点

1. 水温与水量要适当。水温适当能保证面团的特性，水量适当能保证面团所需的软硬程度。

2. 温水面团成团后要摊开以散热，若热气聚集在面团内部，易使淀粉继续膨胀、糊化，面团会逐渐变软、变稀，粘手，制品成形后易结壳，表面粗糙。

3. 备用的面团要用湿布盖上，避免表皮结壳。

4. 成形时交口处要捏紧，避免成熟时散烂。

5. 蒸制时掌握好火候，蒸制时间要适宜，不能久蒸。

八、烧卖

（一）配方

皮料：面粉 500 g　玉米淀粉 50 g　沸水 200 g

馅料：牛肉馅 300 g　肥猪肉馅 200 g　盐 2 g　香油 10 g
酱油 100 g　花椒面 5 g　胡椒粉 5 g　料酒 20 g　熟豆油 50 g
姜末 20 g　葱花 50～100 g　水 150 g

（二）工艺流程

烫面→揉面→散热→揉团→搓条→下剂→开片→压花→上馅→成形→熟制

制馅→上馅

（三）制作过程

1. 制馅：将肉馅调匀，再加入盐、酱油、花椒面、胡椒粉、料酒、姜末、香油，抓匀煨好口。5 分钟后加水，加味素，并顺着一个方向搅拌至肉馅呈黏稠状即可。水要分 2～3 次加入。第一次加 70％的水，第二次加 20％的水，第三次加 10％的水，每次间隔 15 分钟。水上好 10 分钟后加熟豆油和葱花。

2. 和面：面粉置案板上摊开。浇上沸水，边浇水边搅拌，然后用手掌根擦匀、擦透。最后将面团摊开。晾凉后揉和成团，饧 15 分钟后使用。

3. 制皮：将饧好的面团搓成条，揪成重量 16～18 g 的剂子。撒上玉米淀粉，滚圆压扁。用小圆烧卖槌擀压开片，将槌正压于剂子的中间，然后顺时针方向转动走槌，由中间向边沿滚动转圈滚压。着力点逐渐移动至皮的边缘，要求皮中间略厚，边略薄，形如荷叶即可。每 10 张皮一摞。摞时上下要对齐，皮要大小均匀。压花，压时手轻轻将皮按一下。防止压花时皮子左右晃动。右手握住走槌杆，紧贴槌肚。防止槌肚左右晃动。槌肚的三分之一压在皮子的荷叶边上，槌把要向下倾斜，左手拇指轻压于皮上，食指放在案板上，挡在槌肚的前方，其余三指支撑在案板上，槌把插在左手虎口里，右手每用力向前压推一下，左后食指就挡一下，右手抬起后退再下压推进。如此循环一周，每压一下当出一个褶，这样边沿就形成了麦穗状的烧卖皮。

4. 成形：左手托皮，右手持馅匙，把馅涂抹在皮上无褶部分，用馅匙顶住皮中心，右手拦腰。合拢但不要握紧，使馅心显露于麦穗的中心，将生坯立放在屉上即可。

5. 熟制：生坯上屉，旺火大汽蒸 5～6 分钟。

（四）风味特点

形宛若掐腰的花瓶，上沿似成熟的麦穗，皮薄软糯，柔韧，馅大，汁满，酱香浓郁。

（五）技术要点

1. 面要烫匀、揉匀。

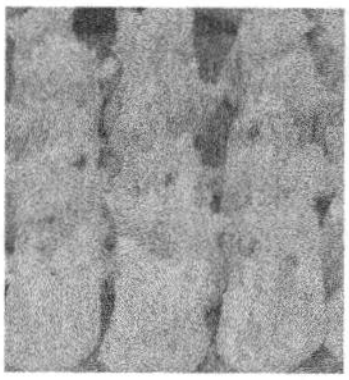

2. 面要凉透，否则成品容易结皮，且粗糙开裂。

3. 蒸时不可过火，否则易掉底。

4. 包时馅要抹正，拢包时，麦穗要整齐，不可歪斜。

任务二　面汤类

一、抻面

（一）配方

面粉 1000 g　水 600 g　精盐 4 g　面碱 10 g

（二）工艺流程

和面→饧面→摔条→溜条→出条→熟制→冷淘→装碗→加汤

（抹碱：摔条、溜条）

（三）制作过程

1. 和面：粉料倒入盆中，加盐，先加 90％的水（30 ℃左右），从下向上抄拌均匀，呈麦穗状，再将面团撕抓均匀，并随着带入余下的水分，将面团扎匀、扎透，直到面团表皮十分光滑柔润，不粘手为止。盖上洁净的湿布饧面。

2. 饧面：抻前要将面团饧透，使面筋充分形成，一般饧 30 分钟以上，这样便于抻拉，不易断条。

3. 抻：抻的工序可分为摔条、溜条、出条。

（1）摔条：将饧好的面团在案板上搓拉成长条，两手轻握面的两端，从案板上带起至左肩上，用适当的力量向案板摔去。这样反复几次，可强行削弱面团的弹性，增强面团的延伸性，既减弱面团的横劲，又捋顺面团的竖劲，从而缩短了溜条时间，达到迅速出条的目的。

（2）溜条：将摔好的条提起离开案板，两脚叉开与肩宽，身体站立端正，两臂端平，小臂大臂呈直角伸向前方，运用臂力、手腕的灵活及大条自身的重力和上下抖动时的惯性，将大条摆动抻长，当大条达到 1.5 m 以上时，两手运力于大条的两端，将力传递给大条，使大条在中下部形成交点，交叉合拢自然拧成麻花劲，双手合并面头交于左手，左手将大条悠起，右手接住条的另一端，两臂重新端平，上下摆动，条溜长后迅速向上次交叉的反向交叉旋转形成麻花劲，这样反复抻拉摆动，正反上劲，直到大条粗细均匀、柔韧为止。

（3）抹碱：将所需的碱用少量的热水化开，在摔条和溜条过程中逐渐抹于条上，使溜好的条微露黄茬，其 $9 < \mathrm{pH} < 11$ 为宜。

（4）出条：将溜好的大条顺直放在撒有薄面的案板上，并在条两头先后反向推搓上劲，上劲后提起条的两头带至中间，右手的面头交于手心朝上的左手上，并将两面头夹于食指与中指之间，但不能用力，且伸直食指与中指，其余三指握住两面头，再伸出右手的食指与中指扣在条的中间勾住条，同时提起左手，使条的中心挂住右手的两指，而后向下转动左手并带动大条旋转 180°。右手带动大条顺时针旋转手腕 180°，使手心朝上，向左上方提起，然后两臂向两侧伸展端平，左手心朝下，右手心朝上，且左手的食指与右手的中指、食指平行指向前方伸出，双臂上下摆动，使条延伸至 1.5 m 左右，放置案板上，并将条的麻花劲解开，为一扣。双手再拿住条的两端合并交于左手，右手食指、中指再扣在条的中间，左手提起使条挂于右手指上，按照前面的程序再把条摆长至 1.5 m 左右，放置案板上，为两扣。如此反复，面条由一根变两根，两根变四根，反复抻拉，面条的根数就会成倍地增加。一般下锅煮的面条抻 6～7

扣，7 扣是 $2^7=128$ 根，要求条粗细均匀，不并条，不断条。面条可分圆条、扁条、三棱条等。

4. 熟制：锅中的水量应是面条的 10 倍以上，面条下锅时其比重大于水的比重。面条要向锅底下沉，在沸水的作用下，面条内所含的空气会迅速膨胀，当面条的密度小于水的密度时，面条浮起，面条在锅里腾起第一滚时，用长筷先后翻四五次约一分钟左右，即可出锅。面条水煮时蛋白质产生热变性，淀粉具有被水解的特征，因此，面条一定要在沸水中煮，可缩短其在水中的受热时间，使其蛋白质迅速变性凝固，淀粉糊化形成凝胶，即面条成熟。为降低淀粉的水解，煮面条不可过火，一般断生即可，否则制品容易变软烂，失去劲力、爽滑与韧性。

5. 冷淘：面条成熟后用凉水过一下，使面条挺伸，即弹性和韧性增强，这是面条由 100 ℃的沸水进入 30 ℃以下的冷水中所产生的特效。淀粉虽然由糊化温度突然进入老化温度，但由于淀粉在碱性条件下比较稳定、不易老化，从而使面条在一段时间内具有劲性、韧性、爽滑等特点。

6. 装碗：将煮好的面条装碗加面码，浇上滚开的汤即可食用。

（四）风味特点

爽滑劲道，鲜香清口，独具风味。

（五）技术要点

1. 调和面团时不能让碱“入骨”，也就是说初和面时不能加碱，要在摔条、溜条时用手蘸着碱水一点一点地抹在条上。煮细条时用碱适量增加，在成熟过程中耐煮。

2. 溜条时，不能用腿部和腰部的力量，不可前仰后合，要站立端正，挺胸拔背，动作准确流畅，摆得开，合得拢，具有大气磅礴之势，给人以美的享受。

3. 出条要动作准确，臂平力匀。

4. 面条在煮制中 $pH<11$，否则会严重破坏蛋白质，降低其营

养价值。

5. 检验面条的成熟：用手掐断面条，截面中心有白点的是没断生，没有白点的是成熟。

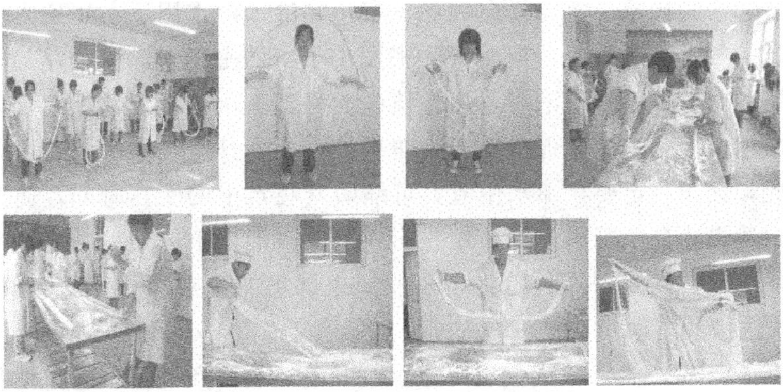

摔条如破立，溜条如行云，出条如流水，煮条如蛟龙，品条丝柔韧。

（六）龙须面

1. 和面时直接加入盐，面团抻拉过程中不易断裂，能抻出高质量的条。

2. 抻制时当条出到11～13扣时，将条切成30 cm长的段，放入150 ℃的猪板油中炸熟。

（七）抻面汤的制法

1. 制汤。

制汤也称吊汤，是把营养丰富、新鲜、味美的动物性原料加水煮，从中提取鲜汤的方法。

汤一般可分为白汤和清汤两大类。白汤又可分为浓白汤（又称奶汤）和淡白汤（俗称毛汤），清汤又分为一般清汤和上汤。

抻面制汤主要是淡白汤（俗称毛汤）。其制汤的方法是将鸡、鸭的骨爪、翅膀、猪骨、牛大腿骨等原料用水冲洗干净后，放在大汤罐中，冷水烧沸后去掉漂浮的血沫和污物，然后加入葱、姜、料酒等，继续加热至原料成熟取出，猪骨、牛骨等继续煮至骨肉脱离，

汤呈乳白色即成。

2. 制汤原则。

（1）注意选料，必须用新鲜味足、无异味的原料。

（2）制汤原料应冷水下锅，水要一次加足，中途不宜加水。

（3）适当地控制火候与煮制时间。汤要沸而不腾，如火力过小，原料中的蛋白质不易析出，影响汤的鲜美程度。

（4）注意调味料的投放顺序，制汤中常用的调味料有葱、姜、料酒、盐等。必须注意的是不能先放盐，因盐有渗透作用，容易使原料中的水分析出，而使蛋白质凝固难以析出，从而降低汤汁的营养价值和鲜美程度。

3. 五香汤料的制作。

（1）配方：

品名	香料比例	数量（1）	实验数量（2）
香叶	6%	6 g	3 g
桂皮	43%	43 g	21.5 g
八角	20%	20 g	10 g
花椒	18%	18 g	9 g
陈皮	5%	5 g	2.5 g
茴香	8%	8 g	4 g
牛棒骨		5 kg	2.5 kg
水		20 kg	10 kg
食盐		100～200 g	50～100 g
川椒		25 g	12.5 g
味素		200 g	100 g
姜		100 g	50 g

（2）制汤过程：首先将牛棒骨、五香汤料投入冷水锅中，急火烧沸，撇去浮沫和污物，然后加入葱、姜、料酒、川椒段，采用中火，使汤保持沸腾状态，这样可起到搅拌的作用，使汤的色泽呈乳白色。但火力要控制适宜，太大容易煳底，太小加热时间过长。白汤一般需 3 小时左右，能使骨髓溢出，香味四溢。使用时加盐、味

素、胡椒粉、香菜、葱丝等。

4. 清素汤的制作。

(1) 配方：水 2500 g　葱头（或葱胡子）100 g　川椒 10 g　蒜（或蒜胡子）50 g　芹菜头 500 g　白菜头 500 g　香菜头 100 g　黄豆芽 100 g　胡椒粉 20 g　味素 25 g　鸡粉 25 g　蚝油 50 g　精盐 25 g　姜 25 g

(2) 制汤过程：熟豆油 20 g 入勺，加热至 180 ℃，放葱花炝锅，添开水，加葱蒜胡子、川椒小火煮 10 分钟，加黄豆芽煮 5 分钟。再放芹菜头、白菜头、香菜头，5 分钟后将锅中的原料捞出，放入调味品即成。

(3) 风味特点：清淡，咸鲜微辛，富有蔬菜的清香。

(4) 技术要点：①注意各种原料的投放顺序；②煮制的时间要掌握好，否则就会失去菜的清香；③放入调味品后汤锅要及时离火。

二、手撕面

(一) 配方

面粉 1500 g　水 680～750 g　精盐 10 g

(二) 工艺流程

和面⟶饧面⟶下剂⟶制坯⟶饧坯⟶抻条⟶撕面⟶熟制⟶装碗

(三) 制作过程

1. 和面：粉料置于案板上，加盐，加水（30 ℃左右）抄拌撕扯均匀，揉匀、揉透，饧 20 分钟。

2. 制坯：将饧好的面团搓成长条，揪成 20 个面剂，擀成长15 cm、宽 4 cm 的坯，刷层油，码一排，盖上保鲜膜，饧 30～120 分钟。

3. 抻条：将饧好的坯用擀面杖顺着条压 2～3 个槽，均匀地分成 3～4 部分，轻轻捏住坯的两端，用力向两侧一拉，使其长 1 米左右，若长度不足，可上下摆动，使其延伸达到需要的长度。

4. 撕条：将条的三分之一处搭在左手腕上，在另一头的四分之一处，用两手沿槽将面片撕成三条，撕开后，搭在右手腕上，取下左腕的条，也在四分之一处，用两手沿槽将条撕成三条即可。

5. 熟制：将撕好的条投入开水锅中，煮制 3～5 分钟，面条漂起、成熟后，捞出、装碗、加面码、浇汤即可。

（四）风味特点

面条爽滑筋道，富有面的香味。

（五）技术要点

1. 面粉选用高筋粉。
2. 和面吃水要准确，软硬适度。
3. 和面要匀透，不夹生粉粒。
4. 饧面要掌握好时间。
5. 撕面时两头要撕得开，且厚薄均匀。
6. 面条可配清汤、牛肉汤及尖椒茄子卤等。

三、打卤面（尖椒茄子卤）

（一）配方（五汤碗，每碗三两面条）

茄子 150 g　猪里脊 100 g　尖椒 50 g　胡萝卜 10 g　葱 10 g
姜 5 g　香菜 5 g　豆油 25 g　鸡粉 15 g　味素 15 g　盐 10 g
酱油 10 g　蚝油 20 g　水淀粉 15 g　胡椒粉 10 g　香油 10 g
水 1500 g　料酒 3g

（二）制卤过程

1. 改刀：茄子去皮，切成 1 cm^3 的丁，里脊切 1 cm^3 的丁，胡萝卜切成菱形薄片，长对角线 1 cm，短对角线 0.5 cm，尖椒切成大米粒大小的丁，香菜切成 1 cm 的段，葱切豆瓣，姜切丝。

2. 制卤：将锅中倒入熟豆油，加热到五成热（150 ℃），放入肉丁炒一下，点料酒，加葱花、酱油炝锅，再放茄子丁略炒，倒入开水，加入姜丝、胡萝卜片，而后加入水淀粉勾芡，放调料。当淀粉充分糊化后，便可加尖椒丁出锅，点香油，即成尖椒茄子卤。

3. 成熟：面条下锅煮熟，盛入碗内，浇上卤，加入香菜，即成（原料可选用挂面、手擀面、手撕面、抻面等）。

（三）风味特点

色泽美观，爽滑筋道，卤鲜味美，经济实惠。

（四）技术要点

制卤勾芡时，汤一定要沸腾，然后加水淀粉勾芡，并且淀粉一定要充分糊化，否则，卤不亮容易澥。

四、肉丝面

（一）配方

猪里脊 50 g　大料 1 g　盐 3 g　味素 5 g　酱油 1 g　料酒 5 g　葱段 20 g　熟豆油 100 g　花椒 1 g　香油、葱丝、胡萝卜丝、黄瓜丝、香菜叶适量

（二）炒肉丝

熟豆油入勺加热至 150 ℃，放肉丝、料酒、葱段、大料、花椒同炒，肉丝八分熟时加酱油、盐、味素，略炒至熟即可。

（三）熟制

面条下锅煮熟倒入碗内，上面放入适量的葱丝、胡萝卜丝、黄瓜丝、香菜叶、肉丝，点上香油、浇上清素汤，即成肉丝面（原料可选用挂面、手擀面、手撕面、抻面等）。

（四）风味特点

面条晶莹、爽滑，瓜丝清凉，香菜醇香，汤鲜，肉嫩，色彩鲜艳。

（五）技术要点

1. 炒肉时油温不宜过高，否则肉丝不易炒散。炒肉的时间不宜过长，否则影响其鲜嫩度。

2. 煮面条时，不要煮成十成熟，否则面条易断。

五、炸酱面

炸酱面是我国北方地区具有代表性的面条品种，也是人们常年食用的大众化食品。炸酱面制作简易，经济实惠，炸一盆酱，下一锅面条，全家人均能饱腹，且味美可口，营养丰富。此面以猪肉、甜面酱为主，口味咸中透甜，具有浓郁的酱香味，面条油润、稠糊、爽滑、筋道，深受人们的喜爱。

（一）配方

配方1：

豆瓣酱250 g　甜面酱250 g　水250 g　猪里脊100 g　豆油50 g
味素15 g　精盐5 g　葱花10 g　蘑菇100 g　姜末5 g

配方2：

豆瓣酱250 g　甜面酱250 g　水250 g　鸡蛋100 g　豆油50 g
味素15 g　精盐5 g　葱花10 g　尖椒50 g

（二）制作过程

配方1：熟豆油入勺加热至150 ℃，放肉丁（体积1 cm^3）略炒，肉丁变色，加入葱花、蘑菇丁同炒，炒至八成熟，加入酱料，酱要用水澥好，炒至开锅，加调料略炒一下即成。

配方2：生豆油在勺中加热至180 ℃时加入打散的鸡蛋，炒熟，放葱花和尖椒丁略炒，加入澥好的酱料，炒至开锅，加调料略炒一下即成。

熟制：面条下锅煮熟，盛入碗内，上面加上酱料即成（原料可选用挂面、手擀面、手撕面、抻面等）。

（三）风味特点

面条油润、稠糊、爽滑、筋道、咸中透甜，具有浓郁的酱香味。

（四）技术要点

1. 煮面条时，不要煮成十成熟，否则面条易断。

2. 炸酱时，酱料要用水澥匀。

六、炒面

（一）配方

生面条 300 g　熟豆油 90 g　绿豆芽 50 g　猪肉丝 50 g
尖椒 50 g　胡萝卜丝 20 g　香菜段 10 g　葱丝 20 g　姜丝 5 g
小油菜 20 g　酱油 25 g　味素 15 g　精盐 3 g　鸡粉 5 g　料酒 5 g

（二）制作过程

1. 生面条下入开水锅中煮熟，捞出过冷水，沥去水分，加少许熟豆油拌匀。

2. 将豆油倒入锅中加热至 150 ℃时，放入肉丝，肉丝变色放葱花、料酒、姜丝，炒至五成熟时加豆芽、油菜，当菜炒至五成熟时放酱油略炒，将熟面条、尖椒丝放入锅中大火炒 2 分钟，最后加入胡萝卜丝、香菜段、葱丝、盐、味素、鸡粉，翻两次勺，点上香油即可装盘。

（三）风味特点

面条软滑，油润，咸鲜而香，色泽鲜艳。

（四）技术要点

1. 面条煮至八分熟即可出锅，不可煮过。

2. 煮熟沥去水分的面条一定要加熟豆油拌匀，否则面条炒制时不松散、易成坨。

七、手擀面

（一）配方

1. 面粉 500 g　食碱 2 g　水 175～200 g

2. 面粉 500 g　鸡蛋 50 g　水 125～150 g

（二）工艺流程

和面⟶揉面⟶擀片⟶切条⟶熟制

（三）制作过程

1. 和面：面粉置于案板上，加碱（或鸡蛋）及水调和均匀，揉匀、揉透，揉到面团十分光滑为止，饧 20 分钟。

2. 成形：将饧好的面团擀成 0.15 cm 厚的圆片，折叠成梯形约 10 cm 宽的条，用方刀切成 0.2～0.3 cm 宽的面条。

3. 熟制：将面条投入沸水锅中，面条与水的比例是 1∶5以上，要求水沸而不腾，当面条浮起断生后，八九成熟时，即可出锅。

（四）清汤面

面码：细黄瓜丝、胡萝卜丝、香菜叶、葱丝、香油。

装碗：面条盛入碗中，加上适量的面码，点上几滴香油，加入清汤即成。

（五）风味特点

色泽鲜艳，面条柔软、富有韧性，汤清澈、味鲜美，富有蔬菜的清香。

（六）技术要点

1. 擀制过程中，面片会边厚中间薄，需要将大片厚的部分用细擀面杖单擀一擀，使大片的厚薄一致。

2. 面条不可煮至十成熟，否则，等到食用时就会缺乏韧性。

3. 面码的蔬菜一定要新鲜，切的丝一定要细。

4. 清汤一定提前预制。

八、长寿面

（一）配方

面粉 500 g　鸡蛋 50 g　水 125～150 g

（二）工艺流程

和面──→揉面──→擀片──→切条──→熟制

（三）制作过程

1. 和面：面粉置于案板上，加入鸡蛋液和水，调和均匀，揉匀、揉透，揉到面团十分光滑为止，饧 20 分钟。

2. 成形：将饧好的面团搓成 0.8 cm 粗的条，用小走锤擀成 1.5 cm 宽、0.1 cm 厚、100 cm 长、50 g 重的一根条。将条折叠成 10 cm 长的梯形，用刀修改成 1 cm 宽窄均匀的条。

3. 熟制：将面条入沸水锅中煮熟，一般八成熟断生即可。

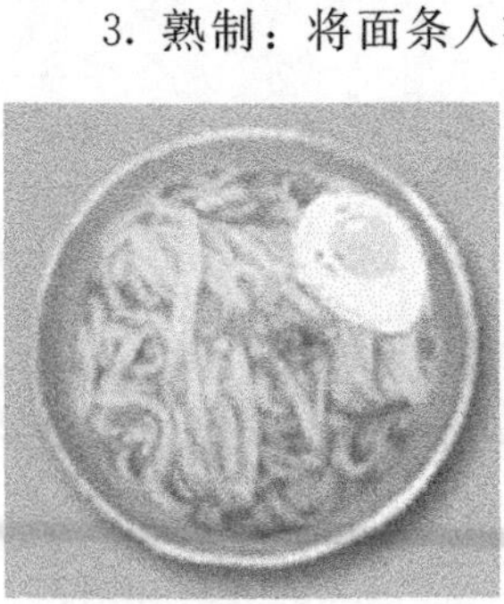

（四）面码

细黄瓜丝、胡萝卜丝、香菜叶、荷包蛋。

（五）装碗

面条盛入碗中，放几根黄瓜丝、胡萝卜丝、一个荷包蛋，浇上清汤，点上几滴香油，放两片香菜叶即成。

（六）风味特点

面清亮，软而不烂，韧而不生，汤汁鲜美清香。

（七）技术要点

1. 若为老年人做长寿面，不要用鸡蛋和面。
2. 搓条时，要搓匀。
3. 煮面条时不要煮十成熟，否则，面条易断。

九、片儿汤

（一）配方

面片：面粉 100 g　鸡蛋 10 g　水 25～30 g
汤料：虾仁 20 g　葱花 5 g　胡萝卜片 5 g　食盐 3～5 g　味素 2 g
香油 1 g　香菜 1 g　胡椒粉 10 g　姜末 5 g　豆油 15 g
清汤 1000 g　白酱油 5 g　蚝油 5 g　鸡粉 2 g
白菜叶（或油菜）50 g

（二）工艺流程

和面⟶揉面⟶擀片⟶切片⟶制汤⟶熟制

（三）制作过程

1. 和面：面粉置于案板上，加入鸡蛋和水，调和均匀，揉匀、揉透，揉到面团十分光滑为止，饧 20 分钟。

2. 切片：将饧好的面擀成 0.15 cm 宽的圆片，折成梯形约10 cm 宽的条，用方刀切成 1.5 cm 的条，再将面条抻直，斜截成长约 3 cm、宽约 1.5 cm 的菱形片。

3. 将虾仁挑去虾线洗净，白菜叶切成细丝，胡萝卜切成菱形片。

4. 熟制：将熟豆油加热至五成熟，用葱花、姜末、白酱油炝锅，加热水烧开下入面片煮熟，放入配料，最后点香油，加调味品，盛入碗中即可。

（四）风味特点

汤清淡，味鲜美，面柔软且有韧性。

（五）技术要点

1. 面片煮制时，不可过火，断生即可。

2. 虾仁不可过早入锅，要在成熟前1分钟内加入。

3. 白菜叶或油菜叶要在锅离火时放入锅内。

4. 香油要在锅离开火后放入。

5. 香菜要在面装碗后放入碗里。

十、珍珠汤

（一）配方

面粉 500 g　鸡蛋 100 g　油菜叶 100 g　西红柿 50 g　香菇 20 g　鲜虾仁 50 g　葱花 20 g　熟豆油 25 g　白酱油 15 g　胡椒粉 20 g　食盐 25 g　味素 25 g　蚝油 25 g　鸡粉 25 g　香油 10 g　姜末 10 g　香菜 10 g　汤水 5 kg　尖椒 25 g

（二）工艺流程

和面──→炝锅──→熟制

（三）制作过程

1. 将面粉放在盆中，用喷壶慢慢喷水，同时用手指和手掌在面粉上旋转搓和形成黄豆粒大小均匀的颗粒，而后用筛子筛去比黄豆粒小的颗粒，被筛出的粉粒再喷水，重新调成黄豆粒大小即成。

2. 将油菜叶切成丝，西红柿去皮切成丁，香菇切丁，鲜虾仁去虾线洗净，香菜切段，尖椒去籽切成粒。

3. 将熟豆油加热，放入葱花、姜末、白酱油炝锅，加汤烧开，投入面粒、香菇、西红柿及各种调味，当面粒浮起加入油菜、尖椒末、鲜虾仁，片刻后放入打散的蛋液，出勺后放上香菜，点上香油即可。

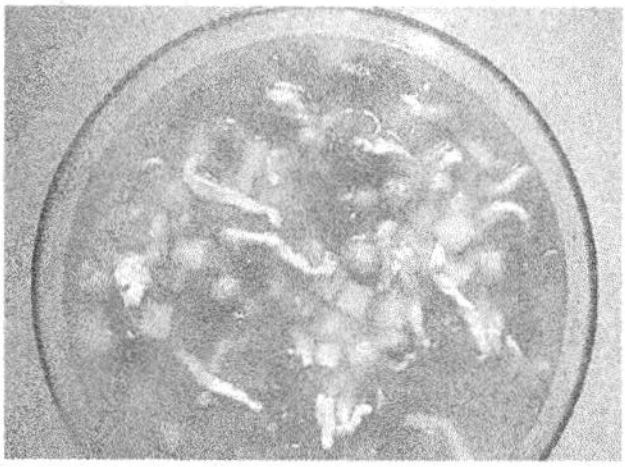

(四) 风味特点

汤清澈，面如玉，色彩鲜艳，口味清淡鲜滑。

(五) 技术要点

1. 制作面粒时，最好用喷壶喷水，水不要喷得太多、太急，否则，面粒大小不易掌握。

2. 炝锅添汤后，要将浮油撇去。

3. 要注意调料及配料的投放顺序。

4. 鸡蛋下锅后，锅要及时端离火口。

十一、馄饨

(一) 配方

皮料：面粉 500 g　蛋清 100 g　清水 75 g　玉米淀粉 25 g

馅料：猪肉馅 250 g　姜末 3 g　葱花 25 g　水 50 g　料酒 2 g
酱油 5 g　味素 2 g　盐 2 g　香油 5 g　花椒面 2 g　胡椒粉 2 g

汤料：老母鸡汤 5 kg　盐 25 g　味素 20 g　胡椒粉 20 g　香油 10 g

配料：海米 25 g　紫菜 25 g　鸡蛋丝 50 g　葱丝 5 g　姜丝 10 g

(二) 工艺流程

制汤──→制馅──→制皮──→成形──→熟制

(三) 制作过程

1. 制汤：采用老母鸡小锅吊汤，边煮边打鸡油，使之达到汤鲜而味醇厚、不腻。

2. 制馅：选用猪前槽肉馅，放入调料及水，向一个方向不断搅动，使馅达到黏稠状即可。

3. 制皮：和面──→擀制──→切皮

(1) 和面：将面粉放在案板上，开成窝形，加入蛋清、清水搅匀后与面粉拌匀，和成面团，揉匀、揉透，饧 20 分钟。

(2) 擀制：将饧好的面团擀成长方形的厚片，撒匀玉米淀粉用擀面杖卷起，双手推压擀制。擀数次后，再用另一根同样的面杖边卷边轻拉，将第一杖的面全部卷拉到第二杖上，每次少量均匀地撒些玉米淀粉，反复擀成极薄的面片。

(3) 切皮：将擀好的面片对齐折叠数层，用快刀切成7 cm的长条，用刀切成见方的皮子或梯形皮子。其特点是柔韧有劲，皮薄如纸。

4. 成形：馄饨皮挑上适量的馅，采用两次对折、两端合拢的方法，捏成半个圆状即可。

5. 熟制：把馄饨生坯放入 5 倍以上的沸水锅中，待馄饨浮起皮出褶时捞出，放入兑好的汤内（汤内加盐、味素、胡椒粉、香油），再撒上鸡蛋皮切的丝、海米、葱丝、香菜、姜丝、紫菜即可。

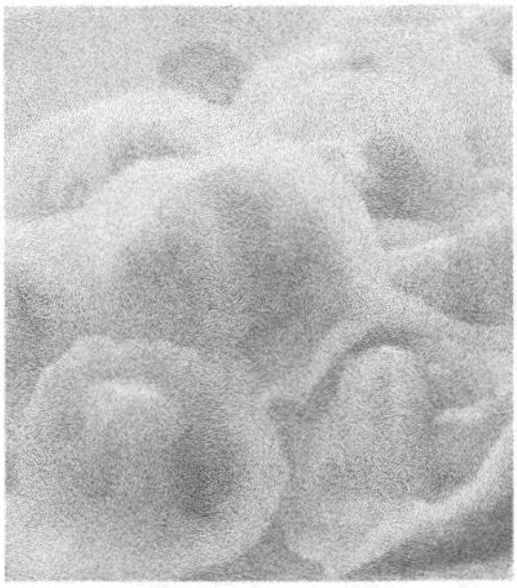

（四）风味特点

皮薄，晶莹，滑爽，汤鲜，味美。

（五）技术要点

1. 皮要厚薄一致。

2. 皮与馅的比例应适当。

3. 熟制时，火宜大但不宜过猛，开水下锅，用手勺推转馄饨，勿使其粘连或抓锅，馄饨易热，不可煮烂。

任务三　饼类

一、扎面春饼

（一）配方

面粉 500g　精盐 5g　水 300g　色拉油 100g

（二）工艺流程

和面——→揉面——→做剂——→擀饼——→熟制

（三）制作过程

1. 和面：面粉放入盆中，加盐和水（30 ℃）抄拌、撕匀、扎透，饧 15 分钟。

2. 做剂：将饧好的面团拉长，制成 40 g 一个的面剂，揉成馒头形，摆入刷有油的方盘中，并将剂表面刷上油，盖上保鲜膜，饧 30～60 分钟。

3. 擀饼：将饧好的面剂放在平滑的油案上，用手按扁，右手轻握擀面杖一端于案下边，则另一端点于案板上，使擀面杖横于饼坯上，右手一端略抬起，左手在饼上的擀面杖上，左右推擀一下，将饼坯擀成中间偏厚、两边偏薄慢坡形结构，其长度约 15～20 cm。再用擀面杖以饼的中间为起点，上下擀两下，成为椭圆形，其长轴约 35～40 cm。将饼从左端起，卷于擀面杖上，卷到饼的中间长轴处时，将未卷部分拉成半圆形，提起入锅烙制。

4. 熟制：饼铛加热到 210 ℃时淋上少许的油，放入擀好的饼片，经一翻两烙变青白色即熟。

（四）风味特点

柔韧，清香，薄如蝉翼。

食用时配以葱丝、甜面酱，近年来，又多以包卷炒制的青椒丝、土豆丝、绿豆芽、肉丝或合菜等佐食。

（五）质量标准

青白色，浅芝麻花，柔软筋道。

（六）技术要点

1. 水温要适当。

2. 面团吃水要准确。

3. 面团要揉匀扎透。

4. 擀饼时面剂要饧好。若饧的时间短，饼片擀制时收缩力大，不易展开；若饧的时间长，面剂澥劲，易破裂，饼片不易拉圆。

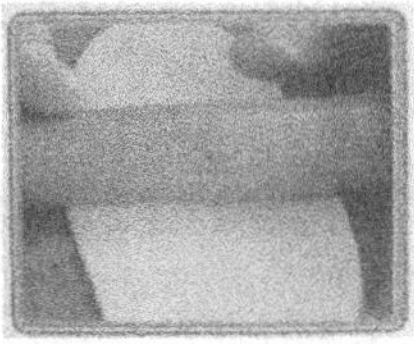

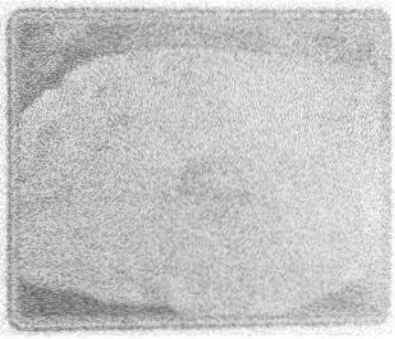

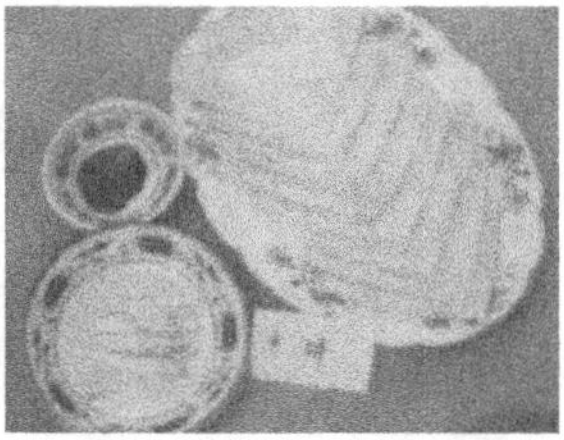

二、春饼合子

（一）配方

皮料：面粉 500g　精盐 5g　水 300g　色拉油 100g

馅料：韭菜 250g　鸡蛋 250g　豆油 50g　鸡粉 5g　味素 5g
　　食盐3g　香油 10g

（二）工艺流程

制春饼⟶制馅⟶成形⟶熟制

（三）制作过程

1. 制作扎面春饼。

2. 制馅：鸡蛋用生豆油加热炒熟，如黄豆粒大小，冷却后加调料调和均匀，包制时与切好的韭菜拌成花素馅。

3. 成形：将春饼展开，放 50g 花素馅，包成长 15 cm、宽 6 cm、厚 1 cm 的长方形坯。

4. 熟制：饼铛加热至 160～170 ℃时，淋上少许的生豆油，摆上包好的生坯，每隔 2～3 分钟翻个，翻个时刷两次生豆油，经三翻四烙 7～8 分钟即熟。

（四）风味特点

金黄色或青白色，丁字花，外焦里嫩，富有韭菜的鲜香。

（五）技术要点

制馅时，馅要分批拌，馅拌好后要在 10 分钟左右包完，否则韭菜和盐接触，由于盐的渗透压的作用，会造成韭菜溢出水分，营养素及调料流失，影响制品风味。

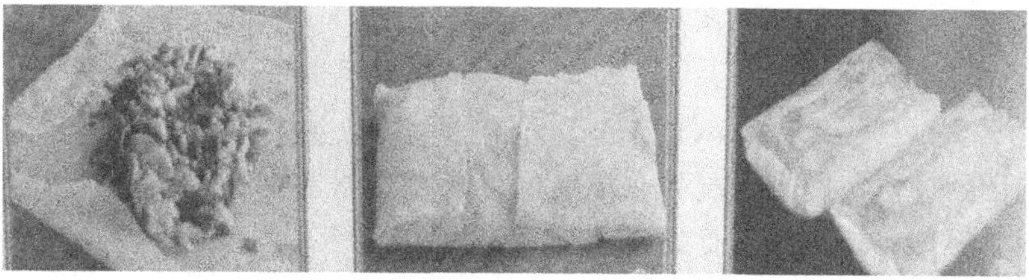

三、煎饼合子

（一）配方

煎饼 10 张　韭菜 200g　鸡蛋 300g　豆油 50g　鸡粉 5g　味素 5g　食盐 3g　香油 10g

（二）工艺流程

煎饼改刀──→制馅──→成形──→熟制

（三）制作过程

1. 改刀：煎饼展开切成四块，每块为四分之一圆。

2. 制馅：鸡蛋用加热的生豆油炒熟，如黄豆粒大小，冷却后加调味品调和均匀，包制时同切好的韭菜拌成花素馅。

3. 成形：将两块四分之一圆的煎饼摞在一起，上下略错开一点，取 25 g 馅放在煎饼接近弧形的部分，并包成长 15 cm、宽 4 cm、厚 1.5 cm 的坯。

4. 熟制：饼铛加热至 150 ～160 ℃时，淋上少许的生豆油，摆上包好的生坯，烙四面刷两次生豆油，烙 8 分钟左右即熟。

（四）风味特点

金黄色或虎皮色，外酥脆，内鲜嫩，富有韭菜的鲜香。

（五）技术要点

1. 韭菜要选用鲜嫩多汁的。

2. 鸡蛋与韭菜的比例要合适，鸡蛋多韭菜少，否则制品成熟后，由于韭菜汁溢出，易被煎饼吸收，而破坏制品质量。

3. 煎饼要选好。

4. 熟制时，要掌握好锅温，否则影响制品质量。

四、扎面馅饼

馅饼是一种传统小吃，尤其在北方颇受人们青睐。扎面馅饼对面团的调制、馅心的制作、成形的方法及熟制都有一定的要求。要想掌握这些技能，就需要认真地钻研、刻苦地实践。

（一）配方

皮料：面粉 500 g　水 280～300 g　盐 2 g

（二）工艺流程

面粉→掺水→拌粉→扎面→饧面→上馅→成形→熟制

制馅→上馅

（三）制作过程

1. 和面：面粉加上 30 ℃左右的水和盐。拌粉时先将粉料中加入 90%的水，抄拌成麦穗状，再将面团撕抓均匀，并随着带入余下的水将面团扎匀扎透，使面团充分吸收水分形成面筋网络。

2. 饧面：将扎好的面团静置一段时间。作用是使面团中未吸足水分的粉粒有充分吸收的时间，这样面团中就不会再夹有小硬粒或小碎片。面团不但均匀，还能更好地生成面筋网络，使面团更加柔软、滋润、光滑，具有弹性。饧面时间一般在 20～30 分钟最佳，天冷时间要长些。饧面过程中要刷上油或加盖湿布，以免面团表皮干裂或结皮。

（四）制馅

馅心可分为荤馅、素馅、荤素混合馅三种。

1. 荤馅是指鲜肉加调味品，经拌制而成的馅。

例 1　猪肉馅

表 1　生猪肉馅投料表（kg）

原料	肉馅	甜面酱	葱花	姜末	食盐	花椒面	味素	料酒	香油
用量	5	0.25	0.5	0.1	0.06	0.03	0.05	0.025	0.1

（1）工艺流程：

选料——→加工——→调味——→拌和——→成馅

（2）制馅操作要点：

选料：鲜猪肉选用前夹心肉，该肉特点是肉质细嫩，筋短且少，有肥有瘦，瘦中夹肥。肥瘦比例一般是 4∶6。

加工：肉要剁成粒状，如绿豆大小。

调味拌和：将肉馅、甜面酱、食盐、味素、料酒、香油、姜末、花椒面放在一起拌和均匀，葱花现用现放。

2. 素馅是只用蔬菜，不用任何荤性原料，可加炒熟的鸡蛋、海米等及调味品拌制而成的馅。

例 2　韭菜鸡蛋海米馅（又称素三鲜）

表 2　素三鲜馅投料表（kg）

原料	韭菜	熟鸡蛋	海米	食盐	味素	香油
用量	4	1	0.5	0.06	0.05	0.01

（1）工艺流程：

选料——→加工——→调味——→拌和——→成馅

（2）制馅操作要点：

选料：韭菜选用鲜嫩、含水量高、中宽的；鸡蛋选用新鲜的；海米选用个大、味鲜、颜色好的干海米。

加工：将韭菜择洗干净，切成 5 mm 左右；鸡蛋要炒成黄豆粒大小，待冷却方可使用；海米要浸泡一会切成丁。

调味拌和：将韭菜馅、鸡蛋、海米、味素、香油、食盐放在一起抄拌均匀，使馅料鲜香、清爽。

例 3　西葫芦馅

表 3　西葫芦馅投料表（kg）

原料	西葫芦	熟鸡蛋	鲜虾仁	葱花	食盐	味素	香油
用量	3	1	1	0.5	0.06	0.05	0.01

（1）工艺流程：

选料⟶加工⟶调味⟶拌和⟶成馅

（2）制馅操作要点：

选料：西葫芦选用鲜嫩几乎无籽的，不用去皮去瓤，出品率高；虾仁选用新鲜的虾仁；葱要用鸡腿葱。

加工：西葫芦洗净，用擦板擦成 2 mm 粗细的丝，用挤水器挤出菜馅中的部分水，将丝略剁几下即可；虾仁要切成 1 cm 长的段。

调味拌和：将西葫芦馅、鸡蛋、鲜虾仁、葱花、食盐、味素、香油放到一起抄拌均匀，使馅料鲜香、清爽。

3. 荤素混合馅是将肉与菜馅按制品要求的比例混合，加调味品拌制而成的馅。

例 4　芹菜猪肉馅

表 4　芹菜猪肉馅投料表（kg）

原料	芹菜	猪肉	葱花	姜末	食盐	花椒面	味素	料酒	酱油
用量	3.5	1.5	0.5	0.1	0.06	0.03	0.05	0.01	0.05

（1）工艺流程：

选料⟶加工⟶调味⟶拌和⟶成馅

（2）制馅操作要点：

选料：芹菜选用鲜嫩的，猪肉选用五花肉，葱花选用鸡腿葱白。

加工：芹菜择洗干净，用沸水烫一下，再用凉水一过，切成 4～5 mm长的丁，用挤水器挤出菜馅中的部分水；猪肉剁成绿豆大小的馅。

调味拌和：将肉馅、料酒、酱油、食盐、花椒面、姜末、味素放在一起拌和均匀，菜馅、葱花现用现放。

（五）成形

取一块调制好的面团，放置在刷有油的案子上，捋成长条，拉挤，用双手摊按开，使中间略厚，边略薄，左手托皮，打入馅心，拢上去包好收口，放置在案上饧一会，再入平锅烙制。

（六）熟制

熟制的方法是烙，烙是把成形的生坯摆放在平锅中，架在炉火上，通过金属传热使制品成熟的方法。首先将平锅加热至 180～200 ℃，淋上少许的油，将成形后饧好的半成品沾上油放置在锅里，用手的四指指背按压，指背与手背呈直角，将其压成圆形，直径一般在 10～12 cm、厚 1.2～1.4 cm 的均匀的片。烙饼讲究三翻四烙，当看到饼的底部即靠锅的部分由白变青立即翻个。如此三翻四烙，饼边没有生面茬，皮鼓起即可出锅。

（七）风味特点

金黄色或青白色，皮薄馅大，外焦里嫩，馅味鲜美。

（八）技术要点

1. 调制面团时水温要适当。

2. 面团吃水要准确。

3. 面团要揉匀扎透。

4. 包饼时，面团要饧好。若饧面时间短，皮按制时收缩力大，不易展开；若饧面时间长，面剂懈劲，易破裂，露馅。

5. 调馅料中不能加油，否则，制品油腻。

6. 调荤馅时，馅料中不能加水，否则，制品易破皮，流淌馅汁。

7. 制素馅时，馅要分批拌，馅拌好后要在 10 分钟左右包完，否则韭菜和盐接触，由于盐的渗透压的作用，会造成韭菜溢出水分，营养素及调料流失，影响制品风味。

8. 皮薄馅大，无剂口，丁字花，形圆不露馅。

五、推边合子

（一）配方

皮料：面粉 500 g　沸水 200～250 g　猪板油 50 g

馅料：韭菜 350 g　鸡蛋 150 g　豆油 50 g　鸡粉 5 g　味素 5 g
　　　精盐 3 g　香油 10 g

（二）工艺流程

和面→揉面→搓条→下剂→制皮→上馅→成形→熟制

制馅→上馅

（三）制作过程

1. 和面：首先将面粉摊放在案板上，浇开水，边浇边推搅后加猪油，淋上少许的冷水，再用掌根擦匀、擦透，最后将面团摊开，晾凉后揉和成面团饧 15 分钟后用。

2. 制馅：将鸡蛋用生豆油加热炒熟，呈黄豆粒大小，冷却后加盐、味素、鸡粉、香油调和均匀，包制时掺上切好的韭菜拌成花素馅。

3. 成形：将面团搓成长条，揪成 20 个面剂，擀成厚薄均匀、直径 10 cm 的圆片，左手持皮，右手拨馅，用另一张皮盖在上面，先捏粘几个点，然后在圆饼周边用推的手法推出波浪形花边即成生坯。

4. 熟制：饼铛加热至 150～160 ℃时，淋上少许的生豆油，摆上包好的生坯，三翻四烙，在后两翻刷生豆油，约 6 分钟即熟。

（四）风味特点

金黄色，丁字花，外焦里嫩，鲜咸清香。

（五）技术要点

1. 面要烫透揉匀，但不能多揉。

2. 面要晾透，否则半成品易结皮，制品表面粗糙。

3. 饼铛温度要控制在 160 ℃。

4. 翻饼要及时，2～3 分钟翻一次个。

六、锄板合子

（一）配方

皮料：面粉 500 g　沸水 200～250 g　猪板油 50 g

馅料：韭菜 350 g　鸡蛋 150 g　豆油 50 g　鸡粉 5 g　味素 5 g
　　　精盐 3 g　香油 10 g

（二）工艺流程

和面→揉面→搓条→下剂→制皮→上馅→成形→熟制

制馅→上馅

（三）制作过程

1. 和面：首先将面粉摊放在案板上，浇开水，边浇边推搅，然后加猪油，淋上少许的冷水，再用掌根擦匀、擦透，最后将面团摊开，晾凉后揉和成面团，饧 15 分钟后用。

2. 制馅：将鸡蛋用生豆油加热炒熟，呈黄豆粒大小，冷却后加盐、味素、鸡粉、香油调和均匀，包制时掺上切好的韭菜拌成花素馅。

3. 成形：将面团搓成长条揪成 10 个面剂，擀成厚薄一致的圆形，先捏粘几个点当主体，然后在半圆的外圆边用推捏的手法推出均匀的波浪形花边即成。

4. 熟制：饼铛加热至 150～160 ℃时，淋上少许的生豆油，摆上包好的生坯，经三翻四烙，在后两翻刷生豆油，约 6 分钟即熟。

（四）风味特点

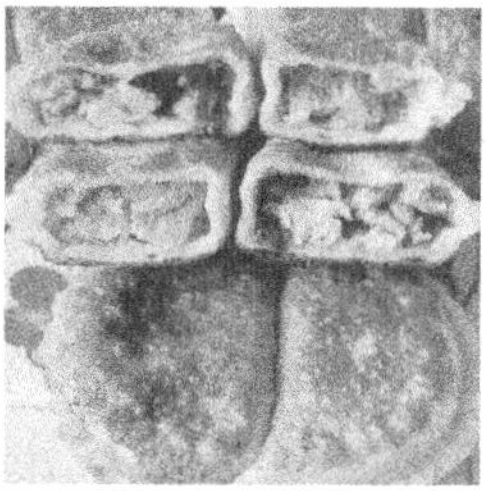

金黄色，丁字花，外焦里嫩，鲜咸清香。

（五）技术要点

1. 面要烫透揉匀，但不能多揉。

2. 面要晾透，否则半成品易结皮，制品表面粗糙。

七、金丝饼

（一）配方

优质面粉 1000 g　水 600 g　精盐 10 g　白糖 100 g　红绿果脯 20 g

（二）工艺流程

和面→饧面→摔条→溜条→出条→刷油→成形→熟制→装盘→点缀

（三）制作过程

1. 和面：粉料倒入盆中，加盐、水（30 ℃左右），先加 90%的水，从下向上抄拌均匀，呈麦穗状，再将面团撕抓均匀，并随着带入余下的水分，将面团扎匀、扎透，直到面团表皮十分光滑、柔润、不粘手为止，盖上洁净的湿布，饧面。

2. 饧面：抻前要将面团饧透，使面筋充分形成，一般饧 30 分钟以上，这样便于抻拉，不易断条。

3. 抻：抻的工序可分为摔条、溜条、出条。

（1）摔条：将饧好的面团在案板上搓拉成长条，两手轻握面的两端，从案板上带起至左肩上，用适当的力量向案板摔去。这样反复几次，可强行削弱面团的弹性，增强面团的延伸性，既减弱面团的横劲，又捋顺面团的竖劲，从而缩短了溜条时间，达到迅速出条的目的。

（2）溜条：将摔好的条提起离开案板，两脚叉开与肩宽，身体站立端正，两臂端平，小臂大臂呈直角伸向前方，运用臂力、手腕的活力及大条自身的重力和上下抖动时的惯性，将大条摆动抻长，当大条达到 1.5 m 以上时，两手运力于大条的两端，将力传递给大条，使大条在中下部形成交点，交叉合拢自然拧成麻花劲，双手合并面头于左手，左手将大条悠起，右手接住条的另一端，两臂重新端平，上下摆动，条溜长后迅速向上次交叉的反向交叉旋转形成麻花劲，这样反复抻拉摆动，正反上劲，直到大条粗细均匀、柔韧为止。

（3）出条：一般条抻至 6 扣时，条间刷满豆油，再反复抻拉至

10 扣。

4. 成形：将抻至 10 扣的条从一头盘起，盘成圆形的饼坯，按需要的量，用刀与大条断开，将剂头掖到饼坯的底下，略饧，再擀成直径 10～12 cm 的圆饼，生坯重 160 g。

5. 熟制：将饼坯放入 150～170 ℃饼铛中烙 12 分钟左右，要求三翻四烙，后两翻要求翻个前刷油，烙成金黄色，成熟后用潮湿的笼屉布包裹 20 分钟，或上屉串三五分钟汽，以免装盘磕饼时断丝。

6. 装盘：将烙好回软的金丝饼磕散、装盘、摆好，撒上有果脯丁的白糖即可。

（四）风味特点

饼丝松散，粗细均匀，不并条，色泽金黄，柔软香甜。

（五）技术要点

1. 条出 6 扣刷油，若抻到七八扣，条细条多不易刷油，不便成形。

2. 盘饼时，根据条的粗细可适当抻拉，使条粗细均匀，饼不可盘得过紧，剂头掖在饼坯底下的边上。

3. 擀饼时，饼片不可擀得过大，饼的厚度应在 1～1.5 cm 为宜。

4. 饼铛的温度在 160 ℃左右为宜，过低烙制时间长，饼丝脱水过多，饼丝硬易断，色泽浅，过高外焦里生。

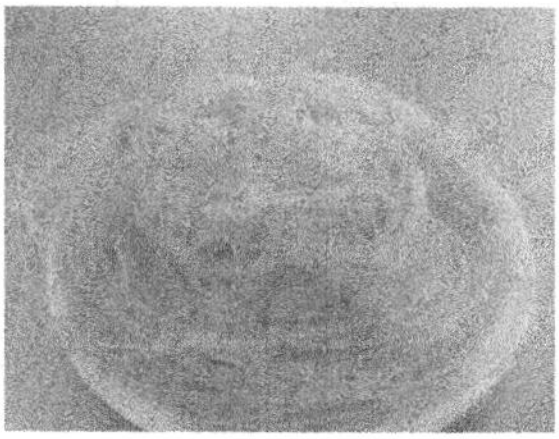
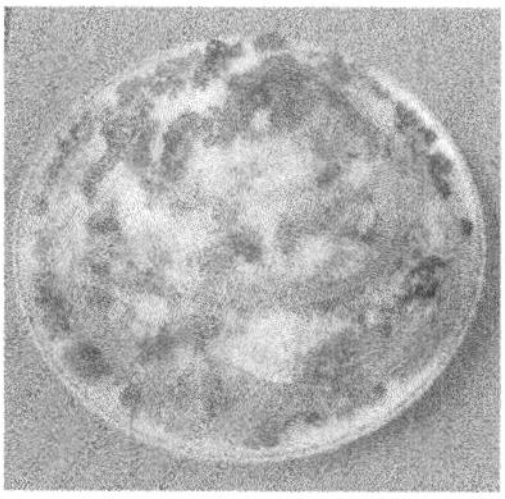

八、草帽饼

（一）配方

面粉 1000 g　豆油 150 g　精盐 8 g　水 600 g

（二）工艺流程

和面⟶揉面⟶下剂⟶成形⟶熟制

（三）制作过程

1. 和面：面粉置于案板上，开个窝放入 5 g 盐及 30 ℃左右的水调和均匀，揉匀、揉透，饧 15 分钟。

2. 制酥：将 50 g 面粉、35 g 豆油、3 g 盐倒入碗内调合成稀酥（软酥）。

3. 成形：将饧好的面团捋长，挖成四个面剂，擀成长 40 cm、宽 20 cm 的长方形薄片，抹一层软酥，折叠成六个花层，右手拿住一个面头翻腕向右一甩，抻成约 70 cm 长的条，将右端手扣处展开，并从左端盘起呈塔状，叠压在展开的一端上，盘成饼坯，饧 10～15 分钟，用大擀面杖从中间向上下擀，擀成椭圆形，长轴 40 cm，短轴 30 cm，由短轴一侧卷起将饼坯卷于擀面杖上，边卷边拉，使饼片成为直径 40 cm 的圆形。

4. 熟制：将饼铛加热至 210 ℃时，淋上少许的生豆油，将擀好的饼入锅烙，先烙底，见饼面起泡或饼边变色，马上翻个烙面，见底起鼓时，刷油翻个烙底，1 分钟后，再刷油烙面，如此三翻四烙，最后用手把饼向锅边撞磕起层即熟。

（四）风味特点

层次清晰，花纹均匀，形状完整，厚薄均匀，金黄色，丁字花，柔软筋道，微咸而香。

（五）技术要点

1. 折叠时层次要均匀，条的宽度为 3～4 cm。

2. 当面坯折叠成六个花层后，需饧 10 分钟左右，否则条劲大易拉断条。

3. 擀制成形用力要适当，从饼的中间往外擀。

4. 烙饼翻饼要及时，每次间隔 3 分钟左右，否则时间过长制品焦煳且硬。

九、双花家常饼

（一）配方

面粉 1000 g　豆油 150 g　精盐 5 g　水 500 g

（二）工艺流程

和面──→揉面──→搓条──→下剂──→成形──→熟制

（三）制作过程

1. 和面：面粉置于案板上，开个窝放入 5 g 盐及 30 ℃左右的水调和均匀，揉匀、揉透，饧 15 分钟。

2. 成形：将饧好的面团搓成直径 5 cm 粗细均匀的条，揪成 75 g 一个的面剂，擀成长 20 cm、宽 7 cm 左右的椭圆形片，刷油，以长轴为中心，对叠成三层，再刷油，抻长稍饧，对折抻长，从两头对卷盘起至中间，将两个圆盘叠放在一起，稍饧，擀成直径 15～20 cm 的圆片即成生坯。

3. 熟制：平锅加热到 200 ℃，淋上少许的生豆油，生坯入锅，经三翻四烙，后两翻刷油，约 10 分钟呈金黄色即熟，每五张一组摞在一起用潮湿的布包裹焖 10 分钟左右，放于案上，用双手戳松。

（四）风味特点

双面花，金黄色，松而不散，柔韧松香。

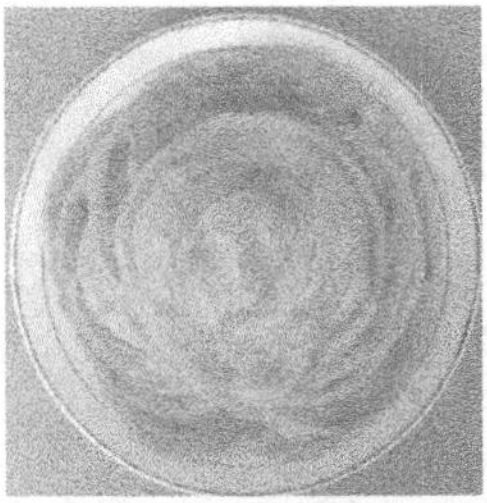

（五）技术要点

1. 折叠时层次要均匀。

2. 擀制成形用力要适当，从饼的中间往外擀。

3. 烙饼翻饼要及时，每次间隔 3 分钟左右，否则时间过长制品焦煳且硬。

4. 刚出锅的饼外焦脆，需用潮湿的布包裹上焖 10 分钟左右，让饼回软，否则饼易磕碎。

十、小油饼

（一）配方

面粉 1000 g　豆油 150 g　精盐 5 g　水 500 g

（二）工艺流程

和面──→揉面──→开片──→改刀──→成形──→熟制

（三）制作过程

1. 和面：面粉置于案板上，开个窝放入 5 g 盐及 40 ℃左右的水调和均匀，揉匀、揉透，饧 10 分钟。

2. 成形：将饧好的面团捋成长条，擀成 20 cm 宽、1 cm 厚的长方形片，刷油撒面对叠，用快刀以折线为起点，上边留 1 cm 宽的部分为顶线，改刀切成 1 cm 宽、9 cm 长的小条，每五个小条为一组断开，剖面朝上，刷油，抻长 40 cm 对折，再刷油抻长 40 cm，并从一端盘至另一端，将剂头压在坯下的边上，擀成直径 10 cm 的圆片。

3. 熟制：将平锅加热到 200 ℃，淋上少许的生豆油，生坯入锅，经三翻四烙，后两翻刷油，约 10 分钟呈金黄色即熟，取出每五张摞在一起，用潮湿的布包裹上，焖 10 分钟左右，放于案上，用手将饼条磕开。

（四）风味特点

条粗细均匀，不并条，不断条，条散而不碎，金黄色，柔软筋道，富有脂香味。

（五）技术要点

1. 小条每次抻长前要饧 3～5 分钟，否则条劲大易拉断条。

2. 擀制成形用力要适当，从饼的中间往外擀。

3. 烙饼翻个要及时，每次间隔 3 分钟左右，否则时间过长制品焦煳且硬。

4. 刚出锅的饼外焦脆，需用潮湿的布包裹上焖 10 分钟左右，让条回软，否则条易磕碎。

十一、鸡蛋灌饼

鸡蛋灌饼是河南信阳知名地方特色小吃，此饼采用上等的面粉、食用油和鸡蛋精制而成，其最大特点是将整个鸡蛋搅匀后完全灌入饼中，避免了鸡蛋与铁锅接触后的营养损失，饼色泽焦黄，味道外焦香内滑嫩，食用简捷方便，营养搭配科学合理，是上班族、学生、小区居民上乘理想的早餐。

（一）配方

面粉 1500 g　豆油 100 g　水 700～750 g　鸡蛋 10～20 个
葱花 100 g　盐 10 g　朝鲜族辣酱（甜面酱或大酱）、生菜、香菜等适量（也可放火腿等）

（二）工艺流程

和面→搓条→下剂→包坯→成形→熟制→灌蛋→刷料→卷型

（三）制作过程

1. 和面：将面粉置于案板上，开个窝加入盐和 40 ℃左右的水调和均匀，揉匀、揉透，饧 20～30 分钟。

2. 成形：将饧好的面团搓条，制成 225 g 一个的面剂，再将面剂分出四分之一包入 10 g 的干油酥，呈圆形坯，将坯沾上油包入余下的面剂中即成饼坯，将坯饧 10～15 分钟后在油案上按扁，擀开，成直径 40 cm 左右的圆片。

3. 将鸡蛋 1～2 个抽搅均匀（可加盐、葱花和少量的油）。

4. 将锅加热至 200～210 ℃，淋上少许的油，将擀好的饼入锅烙制，经两翻两面刷油烙至六成熟且饼内充气鼓起时，从饼的一边开个小口，灌入蛋液后 30～60 秒翻个，烙成金黄色，丁字花，鸡蛋膨起即熟。

5. 饼熟出锅，依喜好可刷辣酱夹生菜、火腿等，也可刷甜面酱或大酱夹香菜、葱丝等。

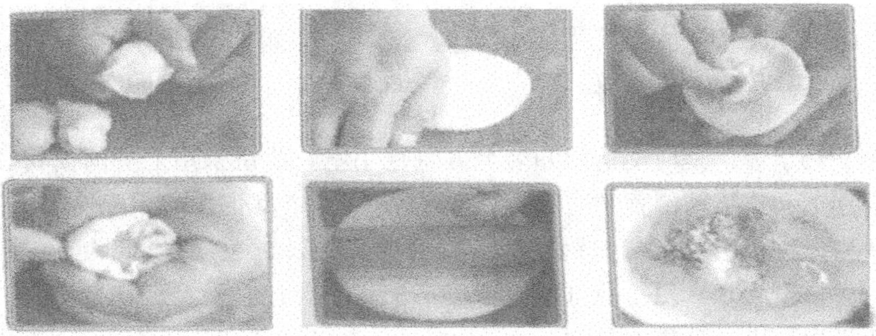

（四）风味特点

金黄色，丁字花，滑嫩，富有蛋香及各种酱料风味。

（五）技术要点

1. 干油酥的调制比例，面粉∶生豆油＝2∶1。

2. 包饼时要分成两块面剂，第一块面剂包上干油酥，目的是让饼心鼓起，能灌入蛋液。

3. 将第二块面剂按扁也抹上部分干油酥，并将包酥后的第一块面剂沾上油包入，目的是产生两层气室。

4. 葱花尽量用葱茎，葱茎葱香味浓郁。

5. 烙饼翻个要及时，每次间隔 3 分钟左右，否则时间过长制品焦煳且硬。

十二、单饼

（一）配方

面粉 500 g　猪板油 75 g　水 250 g

（二）工艺流程

和面──→揉面──→搓条──→下剂──→成形──→熟制

（三）制作过程

1. 和面：将面粉铺在案板上约 3 cm 厚，浇上开水，边浇水边用手带粉推水，使水粉均匀结合，当面粉和水抄拌均匀时，加入猪油，淋上凉水擦匀、擦透，摊开晾凉，再揉成团。

2. 成形：将面团搓成长条，揪成 10 个面剂，搓成馒头形，按扁擀成直径约 40 cm 的薄饼。

3. 熟制：将平锅加热至 210 ℃时，把饼入锅进行干烙，经三翻四烙，呈青白色，丁字花，取出叠成扇面形码入盘内。食用时打开卷菜食用。

（四）风味特点

青白色，丁字花，软糯略带甜味，饼薄如纸适于卷菜。

（五）技术要点

1. 和面团时底油要放适量，油多易散碎，油少发挺发干。

2. 面烫好后再加猪油，才能保持色泽，并且加油后一定要擦匀、擦透。

3. 烫面的水要开（沸），烫面不能夹生，不能伤水。

4. 擀饼时浮面用得不能过多，否则烙时发干发硬，时间长易破碎。

5. 烙制火候要适当，火轻锅温低、烙制时间长、饼干巴，火重饼易煳。

十三、春饼

（一）配方

面粉 500 g　猪板油 75 g　水 250 g

（二）工艺流程

和面⟶揉面⟶搓条⟶下剂⟶成形⟶熟制

（三）制作过程

1. 和面：将面粉铺在案板上约 3 cm 厚，浇上开水，边浇水边用手带粉推水，使水粉均匀结合，当面粉和水抄拌均匀时，加入猪油，淋上凉水擦匀、擦透，摊开晾凉，再揉成团。

2. 成形：将面团搓成长条，揪成 20 个面剂，搓成馒头形，按扁擀成直径约 33 cm 的薄饼。

3. 熟制：将平锅加热至 210 ℃时，把饼入锅进行干烙，经三翻四烙，呈青白色，丁字花，取出叠成扇面形码入盘内。食用时打开卷菜食用。

（四）风味特点

青白色，丁字花，软糯略带甜香，饼薄如纸适于卷菜。

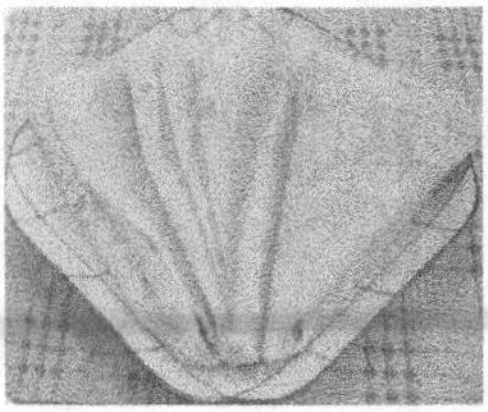

（五）技术要点

1. 和面团时底油要放适量，油多易散碎，油少发挺发干。

2. 面烫好后再加猪油，才能保持色泽，并且加油后一定要擦匀、擦透。

3. 烫面的水要开（沸），烫面不能夹生，不能伤水。

4. 擀饼时浮面用得不能过多，否则烙时发干发硬，时间长易破碎。

5. 烙制火候要适当，火轻锅温低、烙制时间长、饼干巴，火重饼易煳。

十四、合饼

（一）配方

面粉 500 g　猪板油 75 g　水 250 g

（二）工艺流程

和面⟶揉面⟶搓条⟶下剂⟶成形⟶熟制

（三）制作过程

1. 和面：将面粉铺在案板上约 3 cm 厚，浇上开水，边浇边用手带面粉推水，使水粉均匀结合，当面粉和水抄拌均匀时，加入猪油，淋上凉水擦匀、擦透，摊开晾凉，再揉均匀。

2. 成形：将面团搓成长条，揪成 40 个面剂，搓成馒头形，按扁擀成直径 7～8 cm 的圆片，刷上油，撒上面，上面摞上一张再擀成直径约 12 cm 的饼片。

3. 熟制：将平锅加热至 180～200 ℃时，把饼片入锅，经三翻四烙，饼内鼓起，取出揭开，折成半圆形码入盘内，配烤鸭、葱丝、甜面酱食用。

（四）风味特点

青白色，丁字花，软糯略带甜味。

（五）技术要点

1. 和面团时底油要放适量，油多易散碎，油少发挺发干。

2. 面烫好后再加猪油，才能保持色泽，并且加油后一定要擦匀、擦透。

3. 烫面的水要开（沸），烫面不能夹生，不能伤水。

4. 烙制火候要适当，火轻锅温低、烙制时间长、饼干巴，火重饼易煳。

十五、葱油饼

（一）配方

面粉 500 g　豆油 50 g　葱花 50 g　盐 5 g　水 300 g

（二）工艺流程

和面→揉面→搓条→下剂→擀片→刷油→撒盐→撒葱花→成形→熟制

（三）制作过程

1. 和面：面粉置于案板上，加入 60～70 ℃的水调和均匀，洒上少许的凉水，用掌根擦匀、擦透，摊开晾凉后揉成团，饧 15 分钟。

2. 成形：将饧好的面团搓成 6 cm 粗细均匀的条，揪成 160 g 一个的面剂，擀成 8 cm 宽、20 cm 长的长方形，刷上油，撒上盐、花椒面、葱花，从短边卷起，卷成圆柱形，再把两头收好口，不要让葱花外露，螺旋按扁，饧 10 分钟左右，擀成直径 20 cm 左右的圆饼。

3. 熟制：将平锅加热至180～200 ℃时，放入饼坯，经三翻四烙，刷两次油（两面刷油），呈金黄色即熟。

（四）风味特点

金黄色，丁字花，外焦里嫩，有浓郁的葱香味。

（五）技术要点

1. 和面时水温要适当。

2. 面团的软硬要适当，面团不能夹生，不能伤水。

3. 擀制成形用力要适当，从饼的中间往外擀。

4. 葱花尽量用葱茎，葱茎葱香味浓郁。

5. 烙饼翻个要及时，每次间隔3分钟左右，否则，时间过长，制品容易焦煳且硬。

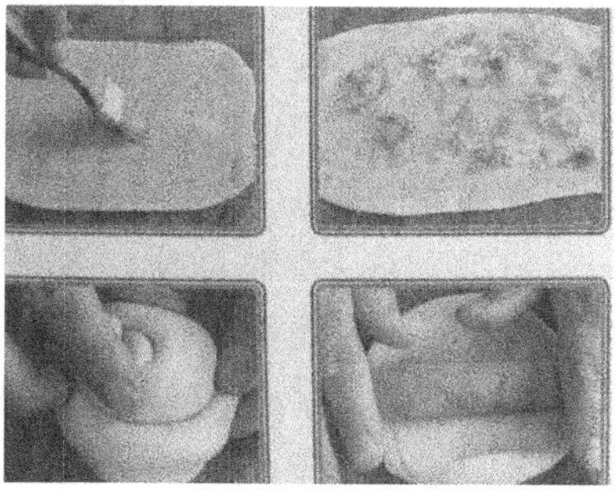

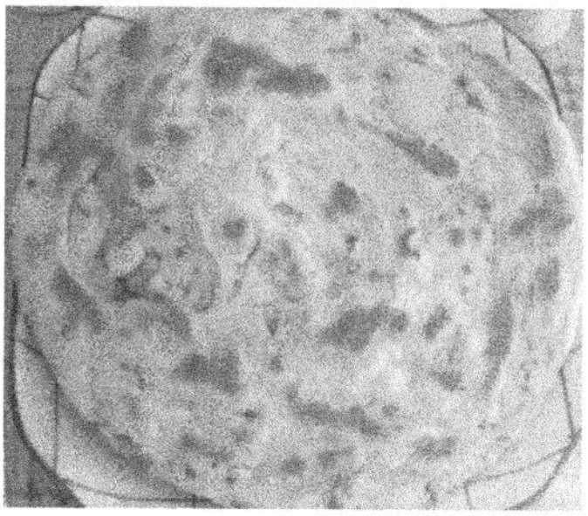

十六、回头

（一）配方

皮料：面粉500 g　水250～275 g　盐2 g

馅料：猪前槽肉馅1000 g　葱100 g　盐5 g　味素5 g
香油20 g　料酒20 g　鸡粉5 g　花椒面6 g　胡椒粉6 g
甜面酱25 g　姜20 g

（二）工艺流程

和面→扎面→饧面→搓条→下剂→制皮→上馅

制馅→上馅

上馅→成形→熟制

（三）制作过程

1. 和面：将面粉置于盆中，用 30 ℃左右的水调和均匀，扎匀、扎透，饧 30 分钟以上。

2. 制馅：将调料与肉馅放入盆中，调拌均匀，腌渍半小时使其入味即可。

3. 成形：将饧好的面团搓成长条，制成 20 g 一个的面剂。案台刷少许的生豆油，用手将剂子按扁，擀成梯形薄皮，将馅置于梯形距上底边 3 cm 处。用馅匙将馅抹成长 15 cm、宽 3 cm、高 2 cm 的长方形，再将上底边掀起包裹馅心，使上底边面皮压于坯底，再将下底边多余部分切掉，把坯翻个，坯面头按严，用面杖将坯子两侧无馅部分擀薄余 3 cm 折回坯上，即成长方形生坯。

4. 熟制：将平锅加热至 180～200 ℃，淋上少许的油，将成形后的生坯摆入锅中。经三翻四烙，头一翻生坯表面淋少许油，后两翻表面先刷油后翻个。约 8 分钟回头鼓起，现丁字花，金黄色，外焦里嫩即可出锅。

（四）风味特点

金黄或清白色，丁字花，皮薄馅大，形态饱满，不露馅，长条形，外焦里嫩，馅味鲜香。

（五）技术要点

1. 调制面团时水温要适当。

2. 面团吃水要准确。

3. 面团要揉匀、扎透。

4. 成形时面团要饧好，饧面时间短了片擀不开，收缩力大，饧面时间长，面剂瀣劲，易破裂露馅。

5. 馅料中不能加油，否则制品油腻。

6. 馅料中不能加水，否则制品易破皮，流淌馅汁。

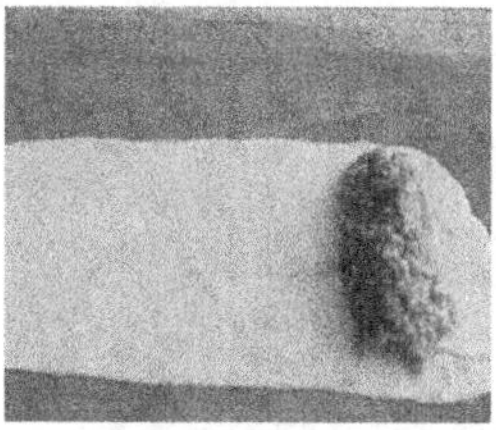
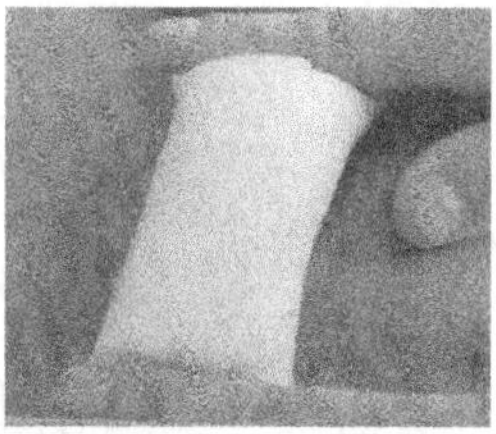
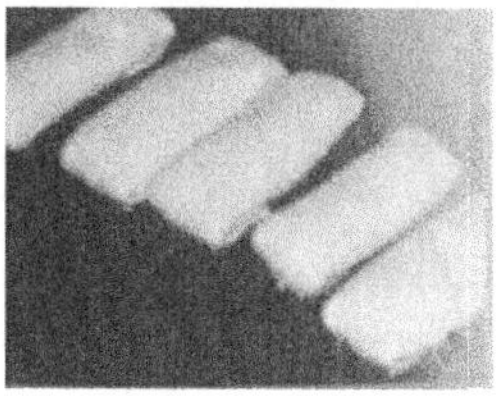
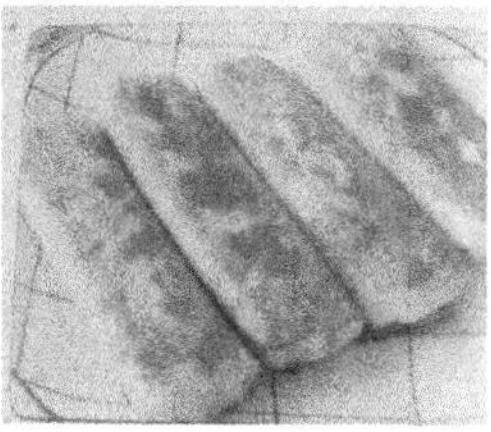

项目二 膨松面团

任务一 蒸制品

一、馒头

（一）配方

面粉 500 g　酵母 5 g　白糖 10 g　水 200 g

（二）工艺流程

和面──→揉面──→搓条──→下剂──→成形──→熟制

（三）制作过程

1. 和面：面粉置于案板上，开成窝形加酵母、白糖、水（35～40 ℃）调和均匀，揉匀、揉透，揉到面团十分光滑为止。

2. 下剂：将饧好的面团搓成 6 cm 粗细均匀的圆条，揪成 70 g 一个的面剂。

3. 成形：取面剂放在左手上，右手弯曲扣在左手上，向一个方向顺时针搓揉，边搓边收，使其呈圆球状。

4. 熟制：将成形后的生坯在 25～35 ℃的条件下饧 10～30 分钟，当生坯的体积饧至比原来增大三分之一时，即可上屉。要求将生坯整齐有间隙地摆放在铺有湿屉布的笼屉上，沸水下锅，蒸 15 分钟即熟。

（四）风味特点

色泽洁白，形状饱满，松软光滑，气孔细密，弹性良好，富有面粉的清香微甜。

（五）技术要点

1. 投料要准确。

2. 和面时水温要适当。

3. 面团调制好后要及时成形，如果面团膨松较大再成形就会造成制品表面粗糙或有蜂窝眼。

4. 馒头生坯饧发要适度。

5. 生坯要沸水下锅，冒汽计时。

6. 熟制时，前 5 分钟用小汽，后 10 分钟用大汽。

二、刀切馒头

（一）配方

面粉 500 g　酵母 5 g　白糖 10 g　水 200 g

（二）工艺流程

和面──→揉面──→搓条──→成形──→熟制

（三）制作过程

1. 和面：面粉置于案板上，开窝加入酵母、白糖、水（40 ℃左右）调和均匀，揉匀、揉透，揉到面团十分光滑为止。

2. 成形：将揉好的面团搓成 6 cm 粗细均匀的条，用快刀切成均匀的 10 小段，即成长方形的刀切馒头。在 25～30 ℃的条件下饧 10～30分钟。

3. 熟制：当制品的生坯体积比原来增大三分之一时，即可入屉，蒸 15 分钟即熟。

（四）风味特点

色泽洁白，形状饱满，松软光滑，气孔细密，弹性良好，富有面的清香，略带甜味。

（五）技术要点

1. 投料要准确。

2. 和面时水温要适当。

3. 面团调制好后要及时成形，如果面团膨松较大再成形就会造成制品表面粗糙或有蜂窝眼。

4. 馒头生坯饧发要适度。

5. 生坯要沸水下锅，冒汽计时。

6. 熟制时，前 5 分钟用小汽，后 10 分钟用大汽。

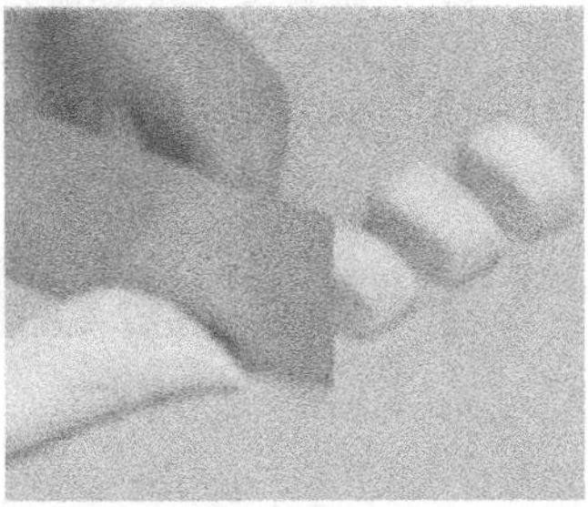

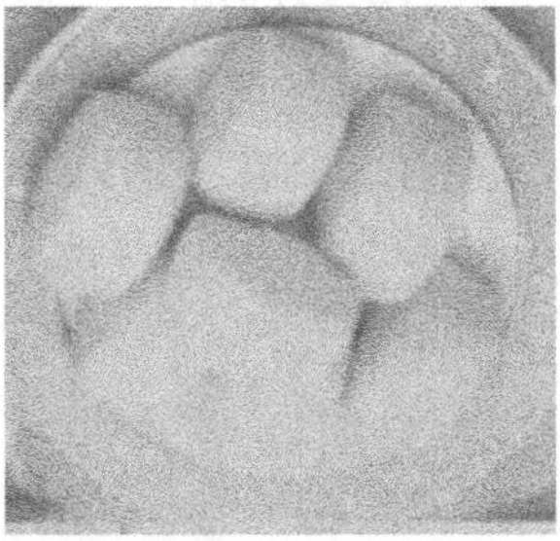

三、玉米面发糕

（一）配方

面粉 350 g　细玉米面 150 g　酵母 5 g　白糖 10 g　水 300～350 g

（二）工艺流程

和面──→饧发──→熟制──→成形

（三）制作过程

1. 和面：将粉料倒入盆中，放入酵母、白糖和 40 ℃的水调和均匀。

2. 饧发：将调好的面团倒在铺有屉布的屉上，均匀摊开抹平，使其厚 2 cm，在 25 ℃的条件下饧 20 分钟左右。

3. 熟制：当制品比原来增厚一倍时，即用旺火急汽蒸25～30分钟，下屉成熟。

4. 成形：当熟糕坯晾温后，切成 80 g 一块即可。

（四）风味特点

暄腾，松软，多孔如蜂窝，富有玉米的清香。

（五）技术要点

1. 投料要准确。

2. 和面时水温要适当。

3. 面团调制好后要及时成形，表面沾水按平滑，否则会造成制品表面粗糙。

4. 糕坯饧发要适度。

5. 生坯要沸水下锅，冒汽计时间。

6. 熟制时，前 5 分钟用小汽，后用大汽。

7. 糕坯冷却后才能切块。

四、黑米面发糕

（一）配方

面粉 450 g　黑米面 50 g　酵母 5 g　白糖 10 g　水 300～350 g

（二）工艺流程

和面──→饧面──→成熟──→成形

（三）制作过程

1. 和面：将粉料倒入盆中，放入酵母、白糖和 40 ℃的水调和均匀。

2. 饧发：将调好的面团倒在铺有屉布的屉上，均匀摊开抹平，使其厚 2 cm，在 25～40 ℃的条件下饧 20 分钟左右。

3. 熟制：当制品比原来增厚一倍时，即用旺火急汽蒸 25～30 分钟，下屉成熟。

4. 成形：当熟糕坯晾温后，切成 80 g 一块即可。

（四）风味特点

暄腾，松软，多孔如蜂窝，富有黑米的香甜。

（五）技术要点

1. 投料要准确。

2. 和面时水温要适当。

3. 面团调制好后要及时成形，表面沾水按平滑，否则会造成制品表面粗糙。

4. 糕坯饧发要适度。

5. 生坯要沸水下锅，冒汽计时间。

6. 熟制时，前 5 分钟用小汽，后用大汽。

7. 糕坯冷却后才能切块。

五、玉米面馒头

（一）配方

面粉 700 g　细玉米面 300 g　酵母 10 g　白糖 20 g　水 400 g

（二）工艺流程

和面──→揉面──→搓条──→下剂──→成形──→熟制

（三）制作过程

1. 和面：将面粉、玉米面置于案板上，加入酵母、白糖、水（35～40 ℃）调和均匀，揉匀、揉透，揉到面团十分光滑为止。

2. 下剂：将饧好的面团搓成 6 cm 粗细的条，按每个 70 g 揪成面剂。

3. 成形：取面剂放在左手上，右手弯曲扣在左手上，向一个方向顺时针搓揉，边搓边收使其呈圆球状。

4. 熟制：将成形后的生坯在 20～30 ℃的温度下饧 10～30 分钟，当生坯的体积饧至比原来增大三分之一时，即可上屉。要求将生坯整齐有间隙地摆放在铺有湿屉布的笼屉上，沸水下锅，蒸 15 分钟即熟。

（四）风味特点

金黄色，暄软，富有玉米的清香。

（五）技术要点

1. 当使用粗玉米面时，需用热水将玉米面烫透晾凉，否则制品口感粗糙。

2. 调制面团时揉匀揉透。

3. 玉米面的比例要适当，不宜过多，否则影响制品的口感和起发度。

4. 和面时水温要适当。

5. 面团调制好后要及时成形，否则面团膨松较大再成形会造成制品表面粗糙或有蜂窝眼。

6. 馒头生坯饧发要适度。

7. 生坯要沸水下锅，冒汽计时。

8. 熟制时，前 5 分钟用小汽，后 10 分钟用大汽。

六、黑米面馒头

（一）配方

面粉 900 g　黑米面 100 g　酵母 10 g　白糖 20 g　水 400 g

（二）工艺流程

和面──→揉面──→搓条──→下剂──→成形──→熟制

（三）制作过程

1. 和面：将面粉、黑米面置于案板上，加入酵母、白糖、水

（35～40 ℃）调和均匀，揉匀、揉透，揉到面团十分光滑为止。

2. 下剂：将揉好的面团搓成 6 cm 粗细均匀的条，按每个 70 g 揪成面剂。

3. 成形：取面剂放在左手上，右手弯曲扣在左手上，向一个方向顺时针搓揉，边搓边收使其呈圆球状。

4. 熟制：将成形后的生坯在 20～30 ℃的温度下饧 10～30 分钟，当生坯的体积饧至比原来增大三分之一时，即可上屉。要求将生坯整齐有间隙地摆放在铺有湿屉布的笼屉上，沸水下锅，蒸 15 分钟即熟。

（四）风味特点

形状饱满，黑褐色，松软光滑，气孔细密，弹性良好，富有黑米的清香。

（五）技术要点

1. 黑米面的比例要适当，不宜过多，否则影响制品的口感和起发度。

2. 黑米面不可用热水烫，否则制品发黏。

3. 和面时水温要适当。

4. 面团调制好后要及时成形，否则面团膨松较大再成形会造成制品表面粗糙或有蜂窝眼。

5. 馒头生坯饧发要适度。

6. 生坯要沸水下锅，冒汽计时。

7. 熟制时，前 5 分钟用小汽，后 10 分钟用大汽。

七、枣馒头

（一）配方

面粉 500 g　酵母 5 g　白糖 10 g　水 200 g　红枣 20 粒

（二）工艺流程

和面⟶揉面⟶搓条⟶下剂⟶成形⟶熟制

（三）制作过程

1. 和面：面粉置于案板上，开窝加入酵母、白糖、水（35～40 ℃）调和均匀，揉匀、揉透，揉到面团十分光滑为止。

2. 下剂：将揉好的面团搓成 4 cm 粗细均匀的条，按每个 35 g 揪成面剂。

3. 成形：将面剂揉成半球形，在半球的顶部拉一刀，镶嵌一粒红枣，即成生坯。

4. 熟制：在 25～30 ℃的条件下饧 20 分钟左右，当制品的生坯体积比原来增大三分之一时，入屉蒸 8～10 分钟即熟。

（四）风味特点

松软香甜，白里透红，具有浓郁的红枣香味。

（五）技术要点

1. 干枣浸泡 2 小时。
2. 投料要准确。
3. 和面时水温要适当。
4. 面团调制好后要及时成形，否则面团膨松较大再成形会造成制品表面粗糙或有蜂窝眼。
5. 馒头生坯饧发要适度。
6. 生坯要沸水下锅，冒汽计时。
7. 熟制时，前 5 分钟用小汽，后几分钟用大汽。

八、油煎棒馍

（一）配方

面粉 350 g　细玉米面 150 g　酵母 5 g　白糖 150 g　水 220 g

（二）工艺流程

和面⟶揉面⟶搓条⟶下剂⟶成形⟶熟制

（三）制作过程

1. 和面：将面粉、细玉米面置于案板上，开个窝加入酵母、白糖、水（35～40 ℃）调和均匀，揉匀、揉透，揉到面团十分光滑为止，面团要饧一会，当体积增大五分之一即可。

2. 成形：将饧好的面团搓成粗细均匀的条，揪成 5 个面剂。再搓成直径 3 cm、粗细均匀、长 15 cm 的坯，在 25～35 ℃的条件下饧 20 分钟左右，当制品的生坯体积比原来增大二分之一时饧好。

3. 熟制：将饧好的生坯上屉蒸 20 分钟，成熟出屉，再将平锅加热至 180 ℃，倒入少量的生豆油，摆入熟坯，煎到制品底部有嘎渣儿，即可出锅。

（四）风味特点

底焦黄，带嘎渣儿，面金黄色，松软光滑，气孔细密，弹性良好，又香又脆，风味独特。

（五）技术要点

1. 投料要准确。

2. 和面时水温要适当。

3. 面团调制好后要及时成形，否则面团膨松较大再成形就会造成制品表面粗糙或有蜂窝眼。

4. 馒头生坯饧发要适度。

5. 生坯要沸水下锅，冒汽计时。

6. 熟制时，前 5 分钟用小汽，后 15 分钟用大汽。

7. 掌握好烙制的温度和时间。

九、豆沙包

（一）配方

面粉 500 g　酵母 5 g　白糖 10 g　水 230 g　豆沙馅 350 g

（二）工艺流程

和面→揉面→搓条→下剂→制皮→上馅→成形→熟制

（三）制作过程

1. 和面：面粉置于案板上，开成窝形加酵母、白糖、水（35～40 ℃）调和均匀，揉匀、揉透。

2. 成形：将揉好的面团搓成条，揪 14 个面剂，将剂用手按成中间略厚、四周稍薄的圆形皮子，包入豆沙馅，收无缝口呈圆球形，再搓成鸭蛋形生坯，收口朝下，放在案板上。

3. 熟制：将成形后的生坯在 25～35 ℃的温度下饧 10～30 分钟，当生坯的体积饧至比原来增大三分之一时，即可上屉。要求将生坯整齐有间隙地摆放在铺有湿屉布的笼屉上，沸水下锅，蒸 15 分钟即熟。

（四）风味特点

色泽洁白，形似鸭蛋圆，膨松柔软，富有豆沙的香甜。

（五）技术要点

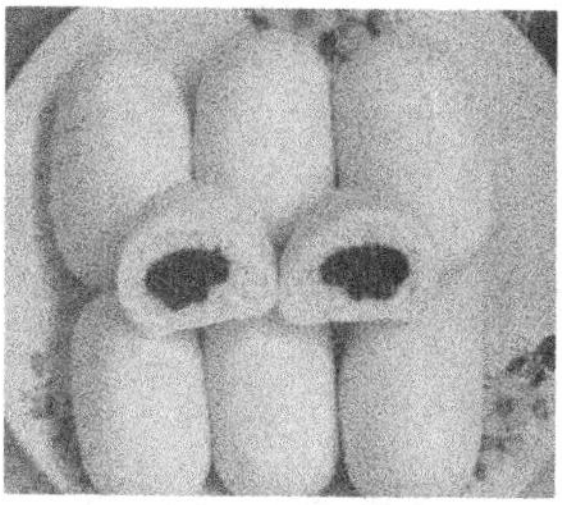

1. 投料要准确。

2. 和面时水温要适当。

3. 面团调制好后要及时成形，否则面团膨松较大再成形会造成制品表面粗糙或有蜂窝眼。

4. 豆沙包生坯饧发要适度。

5. 生坯要沸水下锅，冒汽计时。

6. 熟制时，前 5 分钟用小汽，后 10 分钟用大汽。

十、圆花卷

（一）配方

面粉 500 g　酵母 5 g　白糖 10 g　水 225 g　豆油 10 g

（二）工艺流程

和面——►揉面——►开片——►切剂——►成形——►熟制

（三）制作过程

1. 和面：面粉置于案板上，开成窝形加酵母、白糖、水（35～40 ℃）调和均匀，揉匀、揉透，揉到面团十分光滑为止。面团要饧 10 分钟左右。

2. 开片：将饧好的面团拉长，用走锤擀成 0.6 cm 厚、32 cm 宽的长方形薄片，刷上油，撒上浮面，上下各向中间折 8 cm 宽，再刷油对折，成为四层的长条，条宽 8 cm，厚 2.5 cm，切成宽 4～4.5 cm、长 8 cm 的小面剂。

3. 成形：用双手的食指、拇指顺剂捏压剂条的中间，捏出一条槽，再将双手的食指和中指兜在剂底的两边，拇指在剂条上面的槽中，往下压，使剂的两侧上翻拢在一起形成八层花纹，再用左右手的拇指和食指捏住剂的两端，让花纹对准左右手的虎口，两手配合，以左手的拇指为轴盘转一周，拧成圆花卷的生坯。

4. 熟制：将成形后的生坯在 25～35 ℃的温度下饧 10～30 分钟，当生坯的体积饧至比原来增大三分之一时即可上屉。要求将生坯整齐有间隙地摆放在铺有湿屉布的笼屉上，沸水下锅，蒸 15 分钟即熟。

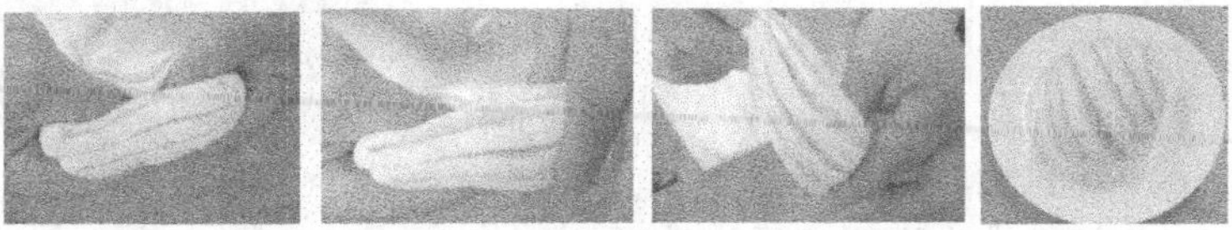

（四）风味特点

色泽洁白，起发好，层次分明，六层以上，外形美观，柔软筋道，富有面的清香，略带甜味。

（五）技术要点

1. 投料要准确。

2. 和面时水温要适当。

3. 面团调制好后要饧 10 分钟左右，使面团体积有所膨松。

4. 花卷生坯饧发要适度。

5. 生坯要沸水下锅，冒汽计时。

6. 熟制时，前 5 分钟用小汽，后 10 分钟用大汽。

十一、一字卷

（一）配方

面粉 500 g　酵母 5 g　白糖 10 g　水 225 g　豆油 10 g

（二）工艺流程

和面⟶揉面⟶开片⟶切剂⟶成形⟶熟制

（三）制作过程

1. 和面：面粉置于案板上，开成窝形加酵母、白糖、水（35～40 ℃）调和均匀，揉匀、揉透，揉到面团十分光滑为止。

2. 开片：面团拉长，用走锤擀成 0.6 cm 厚、32 cm 宽的长方形薄片，刷上油，撒上浮面，上下各向中间折 8 cm 宽，再刷油对折，成为四层的长条，条宽 8 cm，厚 2.5 cm，切成宽 4～4.5 cm、长 8 cm 的小面剂。

3. 成形：用双手的食指和拇指顺着剂捏压剂条的中间，形成一个 4 cm 的槽，双手向后退，退至槽边，左手捏住，右手向内转 180°，食指在上、拇指在下捏住槽边，两手各旋转 180°，左手向内转，右手向外转，拧成花纹，同时两手向两侧拉伸，使面剂延长为 15 cm，成为一字卷的生坯。

4. 熟制：将成形后的生坯在 25～35 ℃的温度下饧 10～30 分钟，当生坯的体积饧至比原来增大三分之一时即可上屉。要求将生坯整齐有间隙地摆放在铺有湿屉布的笼屉上，沸水下锅，蒸 15 分钟即熟。

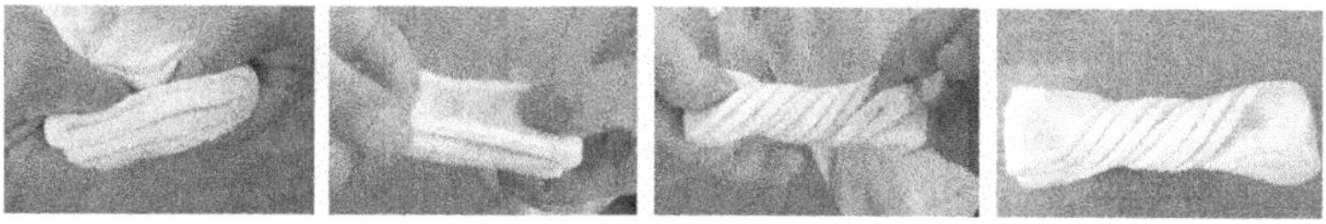

（四）风味特点

色泽洁白，起发好，层次分明，六层以上，外形美观，柔软筋道，富有面香味。

（五）技术要点

1. 投料要准确。

2. 和面时水温要适当。

3. 面团调制好后要饧 10 分钟左右，使面团体积有所膨松。

4. 花卷生坯饧发要适度。

5. 生坯要沸水下锅，冒汽计时。

6. 熟制时，前 5 分钟用小汽，后 10 分钟用大汽。

十二、纹联卷

（一）配方

面粉 500 g　酵母 5 g　白糖 10 g　豆油 10 g　水 220 g

（二）工艺流程

和面──→揉面──→搓条──→下剂──→成形──→熟制

（三）制作过程

1. 和面：将面粉置于案板上，中间开成窝形，加入酵母、白糖及水（35～40 ℃）调和均匀，揉匀、揉透，揉到面团十分光滑为止。

2. 下剂：将面团搓成直径 6 cm 粗细均匀的圆条，揪成 10 个剂。

3. 成形：将下好的剂擀成直径 12 cm 的圆片，刷油，叠成四分之一圆弧形，在弧形边上切三刀，切出两个 1 cm 宽、4 cm 长的条，将两直角边窝至底下，剖面朝上，将手捏处窝到直角边的下部即成。

4. 成熟：将成形后的生坯在 25～35 ℃的条件下饧 10～30 分钟，当生坯的体积比原来增大三分之一时即可入屉，蒸 12～15 分钟成熟。

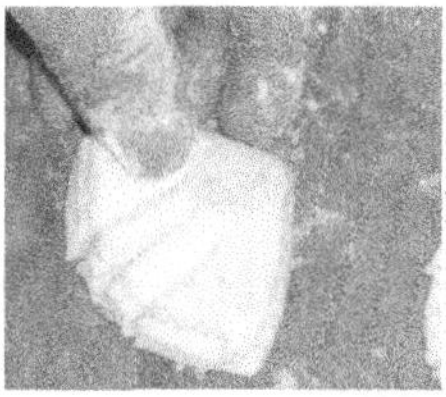
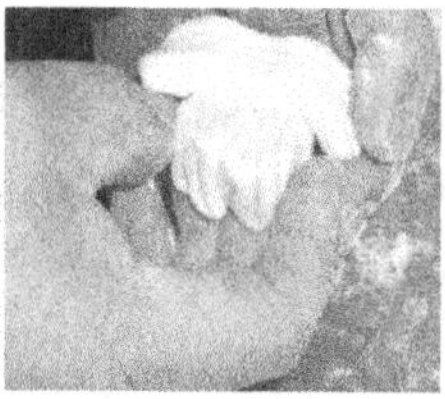

（四）风味特点

色泽洁白，起发好，层次分明，外形整齐、美观，质地柔软、筋道，有浓郁的面香味。

（五）技术要点

1. 投料要准确。

2. 和面时水温要适当。

3. 面团要揉匀、揉透，面团调制好后要立即成形，否则制品表面易产生蜂窝，不光洁，色泽暗。

4. 制品成形后需在 25 ℃左右的温度下饧发 10～30 分钟，当制品的体积比原来增大三分之一时，即可入屉成熟，如果制品饧发时间不足，不易起发，体积小，色泽暗，发死。

5. 生坯要沸水下锅，冒汽计时。

6. 熟制时，前 5 分钟用小汽，后 10 分钟用大汽。

十三、猪蹄卷

（一）配方

面粉 500 g　酵母 5 g　白糖 10 g　豆油 10 g　水 220 g

（二）工艺流程

和面⟶揉面⟶搓条⟶下剂⟶开片⟶成形⟶熟制

（三）制作过程

1. 和面：将面粉置于案板上，中间开成窝形，加入酵母、白糖及水（35～40 ℃）调和均匀，揉匀、揉透，揉到面团十分光滑为止。

2. 下剂：将面团搓成直径 6 cm 粗细均匀的圆条，揪成 10 个剂。

3. 成形：将下好的剂擀成直径 12 cm 的圆片，刷油叠成四分之一圆弧形，在直角处切一刀平分直角，刀口长 5 cm，用右手食指顺刀口挑起，左手将两直角边窝到底下，剖面朝上，将挑起而没有被切段的部位用刀刃压两下即成。

4. 熟制：将成形后的生坯饧 10～30 分钟，当制品的体积比原来增大三分之一时即可入屉，蒸 12～15 分钟成熟。

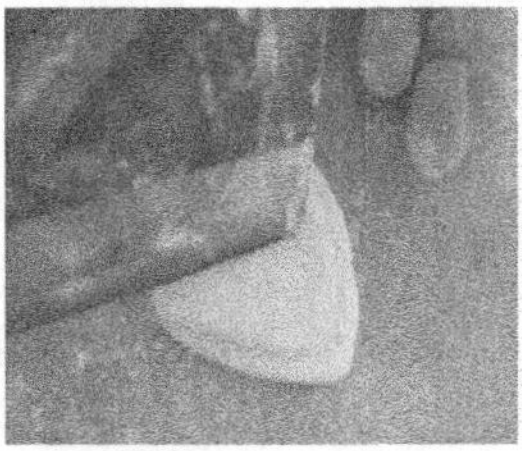
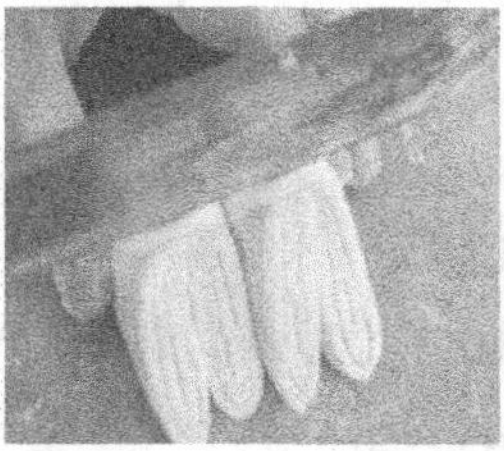

（四）风味特点

色泽洁白，起发好，层次分明，外形整齐、美观，质地柔软、筋道，有浓郁的面香味。

（五）技术要点

1. 投料要准确。

2. 和面时水温要适当。

3. 面团要揉匀、揉透，面团调制好后要立即成形，否则制品表面产生蜂窝，不光洁，色泽暗。

4. 制品成形后需在 25 ℃左右的温度下饧发 10～30 分钟，当制品的体积比原来增大三分之一时，即可入屉成熟，如果制品饧发时间不足，不易起发，体积小，色泽暗，发死。

5. 生坯要沸水下锅，冒汽计时。

6. 熟制时，前 5 分钟用小汽，后 10 分钟用大汽。

十四、扇子卷

（一）配方

面粉 500 g　酵母 5 g　白糖 10 g　豆油 10 g　水 220 g

（二）工艺流程

和面──→揉面──→搓条──→下剂──→成形──→熟制

（三）制作过程

1. 和面：将面粉置于案板上，中间开成窝形，加入酵母、白糖及水（35～40 ℃）调和均匀，揉匀、揉透，揉到面团十分光滑为止。

2. 下剂：将面团搓成直径 6 cm 粗细均匀的圆条，揪成 10 个剂。

3. 成形：将剂擀成直径 12 cm 的圆片，刷油叠成四分之一圆弧形，在弧上切一刀平分弧，刀口长是半径的三分之二，用右手的食指顺刀口挑起，剖面朝上，立起即成。

4. 熟制：将成形后的生坯饧发10～30分钟，当制品的体积比原来增大三分之一时即可入屉，蒸 15 分钟即熟。

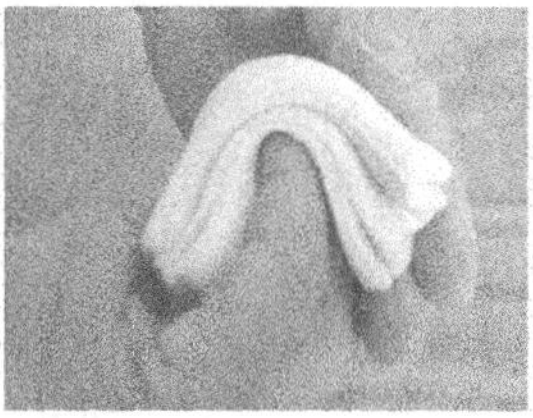

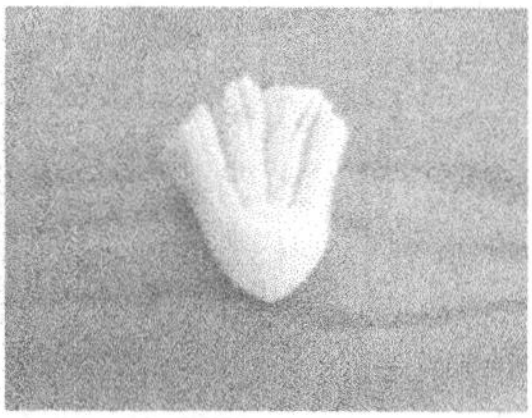

（四）风味特点

色泽洁白，层次分明，外形整齐、美观，质地柔软、筋道，有浓郁的面香味。

（五）技术要点

1. 投料要准确。

2. 和面时水温要适当。

3. 面团要揉匀、揉透，面团调制好后要立即成形，否则制品表面产生蜂窝，不光洁，色泽暗。

4. 制品成形后需在 25 ℃左右的温度下饧发 10～30 分钟，当制品的体积比原来增大三分之一时，即可入屉成熟，如果制品饧发时间不足，不易起发，体积小，色泽暗，发死。

5. 生坯要沸水下锅，冒汽计时。

6. 熟制时，前 5 分钟用小汽，后 10 分钟用大汽。

十五、白菜卷

（一）配方

面粉 500 g　酵母 5 g　白糖 10 g　豆油 10 g　水 220 g

（二）工艺流程

和面──→揉面──→搓条──→下剂──→成形──→熟制

（三）制作过程

1. 和面：将面粉置于案板上，中间开成窝形，加入酵母、白糖及水（35～40 ℃）调和均匀，揉匀、揉透，揉到面团十分光滑为止。

2. 下剂：将面团搓成直径 6 cm 粗细均匀的圆条，揪成 10 个剂。

3. 成形：将剂擀成直径 12 cm 的圆片，刷油叠成四分之一圆弧形，在弧上切一刀平分弧，刀口长是半径的三分之二，用右手的食指顺刀口挑起，剖面朝上，立起，在剖面上用刀刃斜压两下，形成被切开的半棵大白菜的叶子，即成白菜卷的生坯。

4. 熟制：将成形后的生坯饧 10～30 分钟，当生坯的体积比原来增大三分之一时即可入屉，蒸 12～15 分钟即熟。

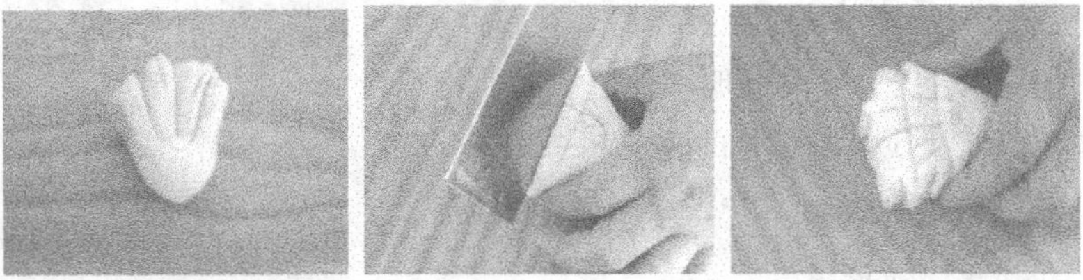

（四）风味特点

色泽洁白，层次分明，外形整齐、美观，质地柔软、筋道，有浓郁的面香味。

（五）技术要点

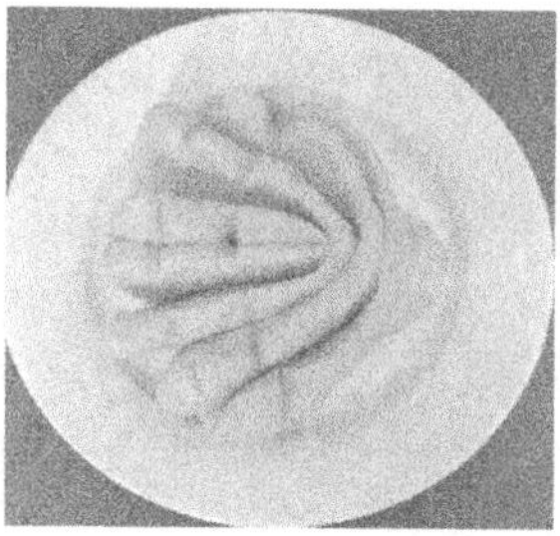

1. 投料要准确。

2. 和面时水温要适当。

3. 面团要揉匀，揉透，面团调制好后要立即成形，否则制品表面产生蜂窝，不光洁，色泽暗。

4. 制品成形后需在 25 ℃左右的温度下饧发 10～30 分钟，当制品的体积比原来增大三分之一时，即可入屉成熟，如果制品饧发时间不足，不易起发，体积小，色泽暗，发死。

5. 生坯要沸水下锅，冒汽计时。

6. 熟制时，前 5 分钟用小汽，后 10 分钟用大汽。

十六、元宝卷

（一）配方

面粉 500 g　酵母 5 g　白糖 10 g　豆油 10 g　水 220 g

（二）工艺流程

和面⟶揉面⟶搓条⟶下剂⟶成形⟶熟制

（三）制作过程

1. 和面：将面粉置于案板上，中间开成窝形，加入酵母、白糖及水（35～40℃）调和均匀，揉匀、揉透，揉到面团十分光滑为止。

2. 下剂：将面团搓成直径 6 cm 粗细均匀的圆条，揪成 10 个剂。

3. 成形：把剂擀成椭圆形、长轴 12 cm、短轴 6 cm 的片，刷油对叠成半圆形，右手持刀，顶在半圆弧的中间，左手拇指与食指分开挡在直径边上，右手推刀顶面坯，左手挡住直径边，同时带有掐捏的动作，捏出一个元宝形。

4. 熟制：将成形后的生坯饧 10～30 分钟，当生坯的体积比原来增大三分之一时即可入屉，蒸 12～15 分钟成熟。

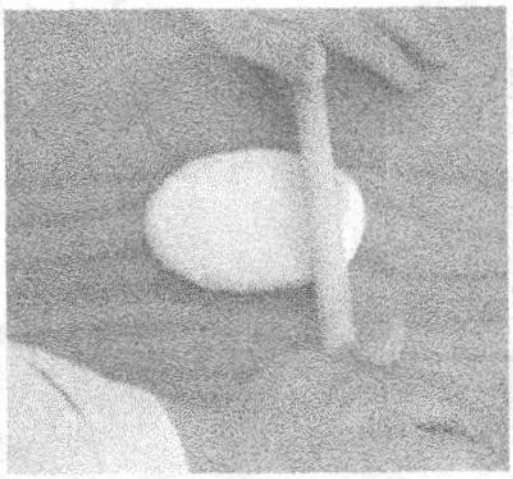
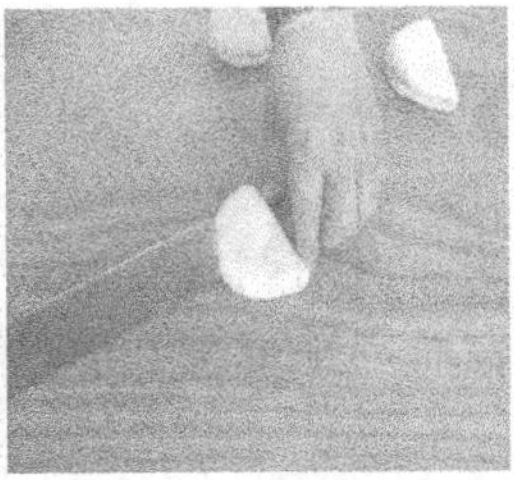
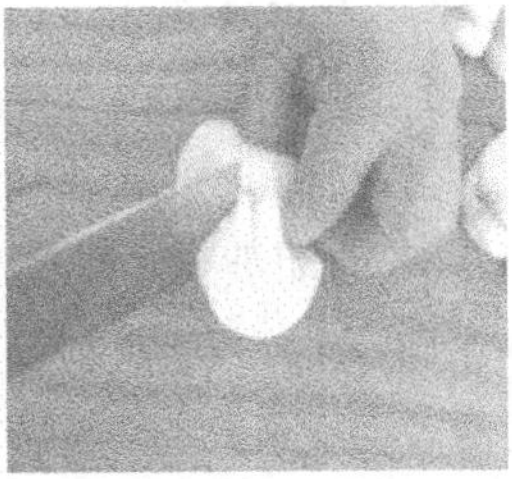

（四）风味特点

色泽洁白，层次分明，外形整齐、美观，质地柔软、筋道，有浓郁的面香味。

（五）技术要点

1. 投料要准确。

2. 和面时水温要适当。

3. 面团要揉匀、揉透，面团调制好后要立即成形，否则制品表面产生蜂窝，不光洁，色泽暗。

4. 制品成形后需在 25 ℃左右的温度下饧发 10～30 分钟，当制品的体积比原来增大三分之一时，即可入屉成熟，如果制品饧发时间不足，不易起发，体积小，色泽暗，发死。

5. 生坯要沸水下锅，冒汽计时。

6. 熟制时，前 5 分钟用小汽，后 10 分钟用大汽。

十七、燕尾卷

（一）配方

面粉 500 g　酵母 5 g　白糖 10 g　豆油 10 g　水 220 g

（二）工艺流程

和面⟶揉面⟶搓条⟶下剂⟶开片⟶成形⟶熟制

（三）制作过程

1. 和面：将面粉置于案板上，中间开成窝形，加入酵母、白糖及

水（35～40 ℃）调和均匀，揉匀、揉透，揉到面团十分光滑为止。

2. 下剂：将面团搓成直径 6 cm 粗细均匀的圆条，揪成 10 个剂。

3. 成形：把剂擀成椭圆形、长轴 12 cm、短轴 6 cm 的片，刷油对叠成半圆形，在弧中间切一刀，长 3 cm，用木梳在弧边压上纹，再在箭头处用刀顶两下即成。

4. 熟制：将成形后的生坯饧 10～30 分钟，当生坯的体积比原来增大三分之一时即可入屉，蒸 12～15 分钟即熟。

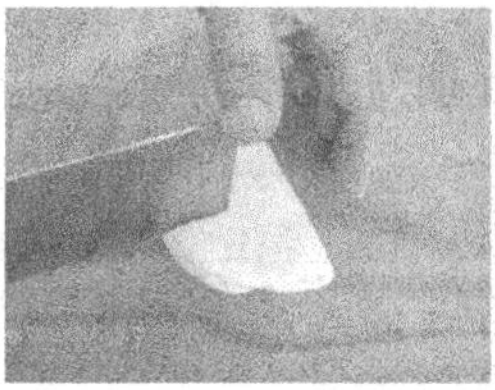
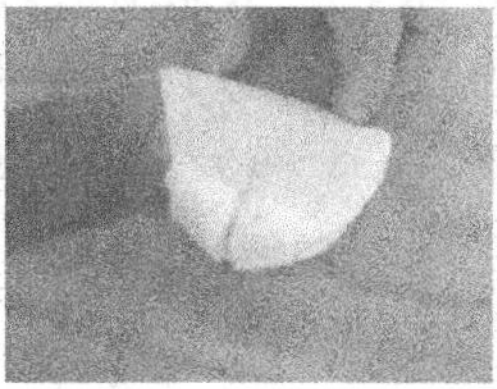
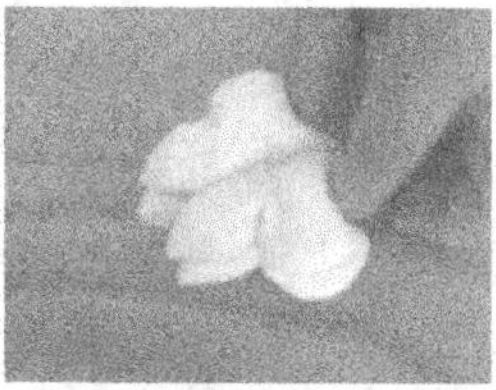

（四）风味特点

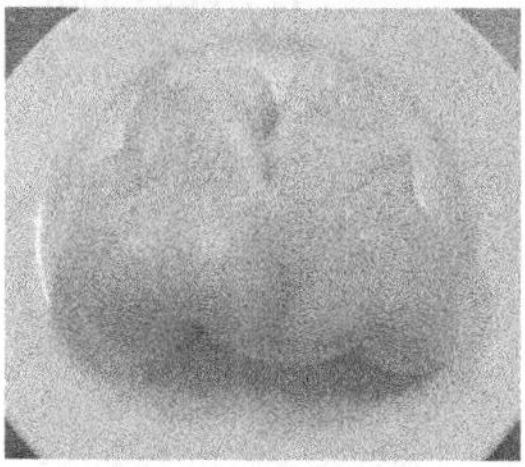

色泽洁白，层次分明，外形整齐、美观，质地柔软、筋道，有浓郁的面香味。

（五）技术要点

1. 投料要准确。

2. 和面时水温要适当。

3. 面团要揉匀、揉透，面团调制好后要立即成形，否则制品表面产生蜂窝，不光洁，色泽暗。

4. 制品成形后需在 25 ℃左右的温度下饧发 10～30 分钟，当制品的体积比原来增大三分之一时，即可入屉成熟，如果制品饧发时间不足，不易起发，体积小，色泽暗，发死。

5. 生坯要沸水下锅，冒汽计时。

6. 熟制时，前 5 分钟用小汽，后 10 分钟用大汽。

十八、荷花卷

（一）配方

面粉 500 g　酵母 5 g　白糖 10 g　豆油 10 g　水 220 g

（二）工艺流程

和面——→揉面——→搓条——→下剂——→开片——→成形——→熟制

（三）制作过程

1. 和面：将面粉置于案板上，中间开成窝形，加入酵母、白糖及水（35～40 ℃）调和均匀，揉匀、揉透，揉到面团十分光滑为止。

2. 下剂：将面团搓成直径 6 cm 粗细均匀的圆条，揪成 10 个剂。

3. 成形：将剂擀成直径 12 cm 的圆片，刷油叠成四分之一圆弧形，把圆弧形坯切成三段。将三段分别立起摞上，中段的开口方向要与上下两段错开，弧形部分做底，梯形朝上的底摞在弧形上边，直角部分的直角摞在梯形朝上的下底边上，直角的底边朝上，用刀背在直角对边的中间向下压，压出一朵荷花。

4. 熟制：将成形后的生坯饧 10～30 分钟，当生坯的体积比原来增大三分之一时即可入屉，蒸 12～15 分钟成熟。

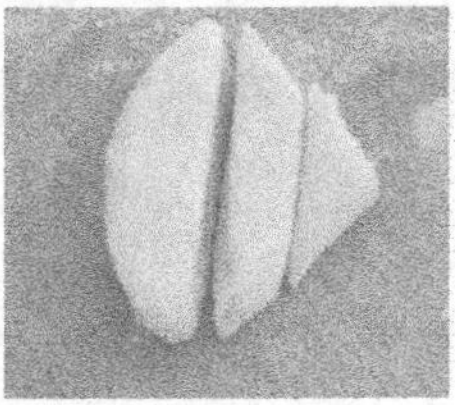
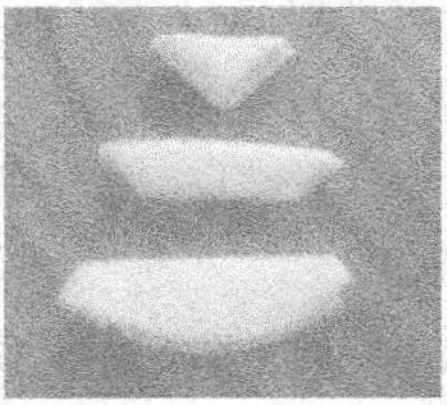
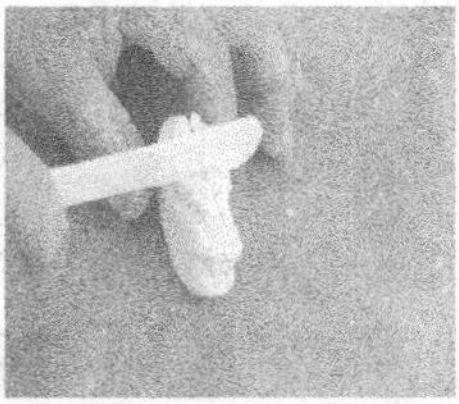

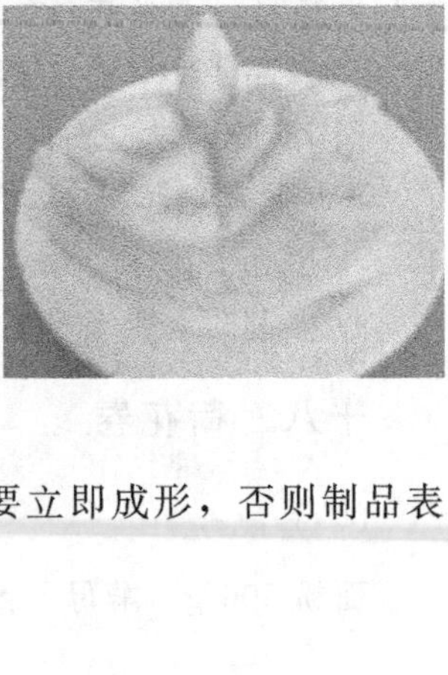

（四）风味特点

色泽洁白，层次分明，外形整齐、美观，质地柔软、筋道，有浓郁的面香味。

（五）技术要点

1. 投料要准确。

2. 和面时水温要适当。

3. 面团要揉匀、揉透，面团调制好后要立即成形，否则制品表面产生蜂窝，不光洁，色泽暗。

4. 制品成形后需在 25 ℃左右的温度下饧发 10～30 分钟，当制品的体积比原来增大三分之一时，即可入屉成熟，如果制品饧不到时候，不易起发，体积小，色泽暗，发死。

5. 生坯要沸水下锅，冒汽计时。

6. 熟制时，前 5 分钟用小汽，后 10 分钟用大汽。

十九、荷叶卷

（一）配方

面粉 500 g　酵母 5 g　白糖 10 g　豆油 10 g　水 220 g

（二）工艺流程

和面——→揉面——→搓条——→下剂——→开片——→成形——→熟制

（三）制作过程

1. 和面：将面粉置于案板上，中间开成窝形，加入酵母、白糖及水（35～40 ℃）调和均匀，揉匀、揉透，揉到面团十分光滑为止。

2. 下剂：将面团搓成直径 6 cm 粗细均匀的圆条，揪成 10 个剂。

3. 成形：将剂擀成直径 12 cm 的圆片，刷油叠成四分之一圆弧形，用刀刃顺着两个直角分别均匀地压两条印，再用拇指与食指挡在直角上，用刀在弧上顶两下即成。

4. 熟制：将成形后的生坯饧 10～30 分钟，当生坯的体积比原来增大三分之一时即可入屉，蒸 12～15 分钟即熟。

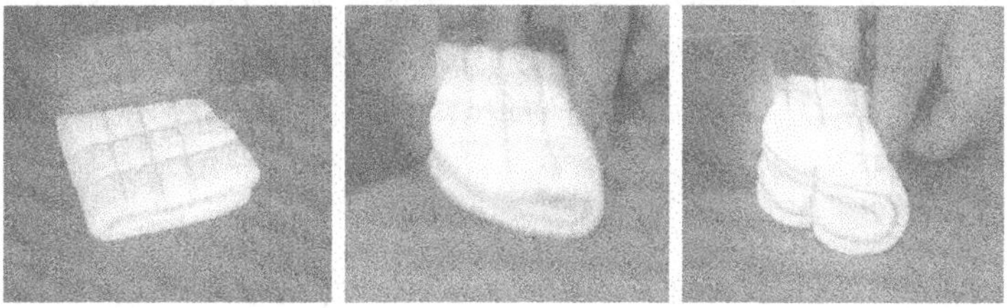

（四）风味特点

色泽洁白，层次分明，外形美观、整齐，柔软筋道，有浓郁的面香味。

（五）技术要点

1. 投料要准确。

2. 和面时水温要适当。

3. 面团要揉匀、揉透，面团调制好后要立即成形，否则制品表面产生蜂窝，不光洁，色泽暗。

4. 制品成形后需在 25 ℃左右的温度下饧发 10～30 分钟，当制品的体积比原来增大三分之一时，即可入屉成熟，如果制品饧发时间不足，不易起发，体积小，色泽暗，发死。

5. 生坯要沸水下锅，冒汽计时。

6. 熟制时，前 5 分钟用小汽，后 10 分钟用大汽。

二十、豆沙卷

（一）配方

面粉 500 g　酵母 5 g　白糖 10 g　豆沙 25 g　水 220 g

（二）工艺流程

和面——→揉面——→开片——→抹馅——→卷筒——→熟制——→成形

（三）制作过程

1. 和面：将面粉置于案板上，中间开成窝形，加入酵母、白糖及水（35～40 ℃）调和均匀，揉匀、揉透，饧 5 分钟。

2. 开片抹馅：将饧好的面团用走槌擀成 0.5 cm 厚的长方形薄片，抹上豆沙馅，卷成 5 cm 粗细均匀的条，饧 10～30 分钟。

3. 熟制：当制品的体积比原来增大三分之一时即可入屉，蒸 20 分钟即熟。

4. 成形：将成熟后的卷用刀切成 5 cm 宽的段，分成 10 段，即成豆沙卷。

（四）风味特点

色泽洁白，层次分明，起发好，松软香甜。

（五）技术要点

1. 投料要准确。

2. 和面时水温要适当。

3. 开片要擀得厚薄均匀。

4. 豆沙馅软硬度要适当，馅要抹匀，不可过多。

5. 制品成形后，需在 25～35 ℃的条件下饧 10～30 分钟，当制品的体积比原来增大三分之一时，即可入屉成熟，否则制品饧发时间不足，不易起发，体积小，色泽暗，发死。

6. 生坯要沸水下锅，冒汽计时。

7. 熟制时，前 5 分钟用小汽，后 15 分钟用大汽。

二十一、佛手卷

（一）配方

面粉 500 g　酵母 5 g　白糖 10 g　豆沙馅 20 g　水 230 g

（二）工艺流程

和面⟶揉面⟶搓条⟶下剂⟶成形⟶熟制

（三）制作过程

1. 和面：将面粉置于案板上，中间开成窝形，加入酵母、白糖及水（35～40 ℃）调和均匀，揉匀、揉透，揉到面团十分光滑为止。

2. 下剂：将面团搓成 0.5 cm 粗细均匀的条，揪成 14 个面剂。

3. 成形：将剂按成中间略厚、四周稍薄的圆形皮子，包入豆沙馅，收无缝口呈球形，按成直径 6 cm 的圆饼，用左手的拇指和食指捏住圆坯的三分之一部分，再用右手掌按压圆坯的二分之一部分，压成斜坡，在斜坡上拉 8 刀，刀口深以露馅为度，但第一刀和最后一刀要切透，中间部分的边要向底窝一点即成生坯，饧 10～30 分钟。

4. 熟制：当制品的体积比原来增大四分之一时，入屉蒸 15 分钟即熟。

（四）风味特点

色泽洁白，松软香甜，造型美观，宛如佛手。

（五）技术要点

1. 投料要准确。

2. 和面时水温要适当。

3. 包豆沙馅时不可过多。

4. 刀口拉得要均匀，深度以露馅为准。

5. 制品成形后，需在 25～35 ℃的条件下饧 10～30 分钟，当制品的体积比原来增大四分之一时，即可入屉成熟，否则制品饧发时间不足，不易起发，体积小、色泽暗，发死。

6. 生坯要沸水下锅，冒汽计时。

7. 熟制时，前 5 分钟用小汽，后 10 分钟用大汽。

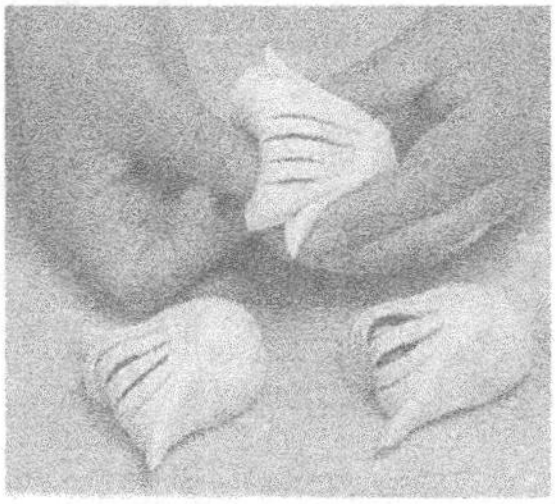

二十二、鸳鸯卷

（一）配方

面粉 500 g　酵母 5 g　白糖 10 g　豆沙 20 g　水 450 g　果酱 20 g

（二）工艺流程

和面⟶揉面⟶开片⟶抹馅⟶卷筒⟶成形⟶熟制

（三）制作过程

1. 和面：将面粉置于案板上，中间开成窝形，加入酵母、白糖及水（35～40 ℃）调和均匀，揉匀、揉透，饧 5 分钟。

2. 开片：将饧好的面团用走锤擀成 0.5 cm 厚、40 cm 宽的长方形薄片。

3. 成形：一半抹豆沙卷成 4 cm 粗细，翻个，另一半抹果酱再卷到中间，成为正反双卷的卷筒。切成 10 小段，立起即成生坯，饧 10～30分钟。

4. 熟制：当制品的体积比原来增大四分之一时即可入屉，蒸 15 分钟成熟。

（四）风味特点

形态美观，色彩鲜明，松软香甜。

（五）技术要点

1. 投料要准确。

2. 和面时水温要适当。

3. 豆沙、果酱要抹均匀，不可过多。

4. 制品成形后，需在 25～35 ℃的条件下饧 10～30 分钟，当制品的体积比原来增大四分之一时，即可入屉成熟，如果制品饧发时间不足，不易起发，体积小，色泽暗，发死。

5. 生坯要沸水下锅，冒汽计时。

6. 熟制时，前 5 分钟用小汽，后 10 分钟用大汽。

二十三、蝴蝶卷

（一）配方

面粉 500 g　酵母 5 g　白糖 10 g　豆沙馅 25g　水 220 g

（二）工艺流程

和面──→揉面──→开片──→抹馅──→卷筒──→成形──→熟制

（三）制作过程

1. 和面：将面粉置于案板上，中间开成窝形，加入酵母、白糖及水（35～40 ℃）调和均匀，揉匀、揉透，饧 5 分钟。

2. 成形：将饧好的面团用走锤擀成 0.5 cm 厚、20 cm 宽的长方形薄片，抹上豆沙馅，豆沙抹的宽度是 17 cm，将抹有豆沙馅的部分卷成卷，没有豆沙部分不卷，用快刀锯成 20 段，每段的宽度是 2 cm，各段立起，截面朝上，没有抹馅的部分，每两段靠在一起，相靠环形部分的中间抹上一点水，用筷子将两段环形部分夹成四个近似圆环，形成蝴蝶翅膀，没有抹馅的部分组成触须，并在每个触须上用牙签点上一个红点，即成蝴蝶卷。

3. 熟制：当成形后的生坯在 25～35 ℃的条件下饧 10～30 分钟，制品体积比原来增大四分之一时即可入屉，蒸 12～15 分钟成熟出屉。

（四）风味特点

形似蝴蝶，色彩鲜明，松软香甜。

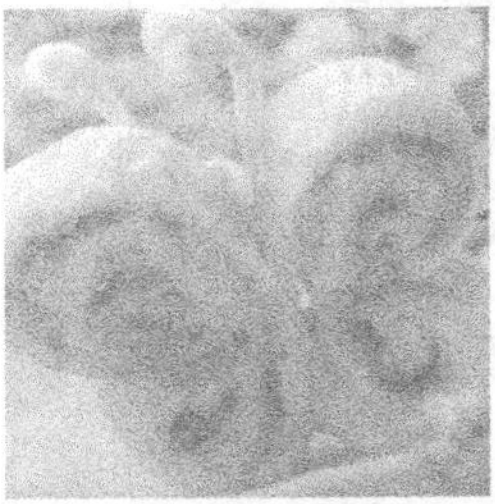

（五）技术要点

1. 面团调制的软硬要适当。
2. 开片时，片开的厚薄要一致。
3. 抹馅时，馅的软硬度要适当，馅不宜抹厚，要抹薄薄的一层，否则影响制品的形态。
4. 卷卷时要尽量卷紧。
5. 蝴蝶卷生坯饧发要适度。
6. 生坯要沸水下锅，冒汽计时。
7. 熟制时，前 5 分钟用小汽，后 10 分钟用大汽。

二十四、麦穗包

（一）配方

皮料：面粉 500 g　酵母 5 g　白糖 10 g　水 230 g

馅料：韭菜 350 g　鸡蛋 250 g　豆油 50 g　鸡粉 5 g　食盐 3 g　味素 5 g　香油 10 g

（二）工艺流程

和面→揉面→搓条→下剂→制皮→上馅→成形→熟制

制馅→（上馅）

（三）制作过程

1. 和面：面粉置于案板上，开个窝加入酵母、白糖、水（温度35～40 ℃）和成面团，揉匀、揉透，揉到面团十分光滑为止。

2. 制馅：将鸡蛋用豆油在锅中炒熟，呈黄豆粒大小。冷却后加入盐、味素、鸡粉、香油，调和成花素馅。

3. 成形：将调制好的面团搓成直径 6 cm 的圆条，揪成 70 g 的面剂，擀成直径 15 cm 的圆皮，左手托皮，右手打馅，再用右手的食指、中指、拇指捏褶。先用食指将皮边向上挑一点，再向皮内推一个小凹，然后用拇指和中指捏合凹陷的两侧，接着拇指将里边的皮折叠捏一次褶，这样交替循环直到收口，捏出的即是麦穗褶包。

4. 成熟：将成形后的生坯饧 10～30 分钟，当生坯的体积比原来增大三分之一时即可入屉，蒸 15 分钟成熟。

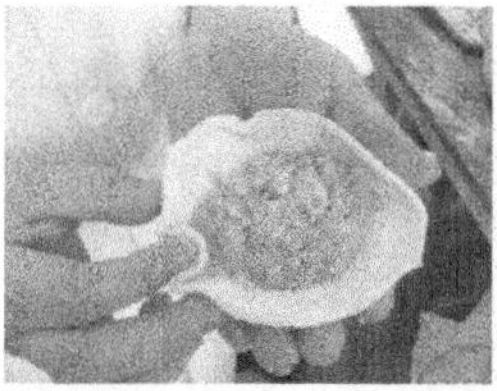

（四）风味特点

色泽洁白，起发好，皮子厚薄均匀，馅味鲜美，造型美观，形似麦穗。

（五）技术要点

1. 投料要准确。

2. 和面时水温要适当。

3. 包制成形时捏褶要均匀，收口要严。

4. 制品成形后，需在 25～35 ℃的条件下饧 10～30 分钟，当制品的体积比原来增大四分之一时，即可入屉成熟。

5. 蒸制时不要过火。

二十五、糖三角

（一）配方

皮料：面粉 500 g　酵母 5 g　白糖 10 g　水 230 g

馅料：白糖 100 g　熟面 30 g　熟豆油 15 g

（二）工艺流程

和面→揉面→搓条→下剂→制皮→上馅→成形→熟制

制馅→上馅

（三）制作过程

1. 和面：面粉置于案板上，开个窝加入酵母、白糖、水（温度35～40 ℃）和成面团，揉匀、揉透，揉到面团十分光滑为止。

2. 制糖馅：将糖、熟面粉、熟豆油放到一起搓拌均匀即成糖馅。

3. 成形：将调制好的面团搓成直径 6 cm 的圆条，揪成 70 g 的面剂，擀成直径为 13 cm 的圆片，左手托起放三钱馅，在圆上均匀地取三点，捏合到一起，从中间向边逐渐捏合，捏出三个角，即成为糖三角的生坯。

4. 熟制：将成形后的生坯饧 10～30 分钟，当生坯的体积比原来增大三分之一时即可入屉，蒸 15 分钟成熟。

（四）风味特点

色泽洁白，起发好，皮子厚薄均匀，馅味香甜，造型美观。

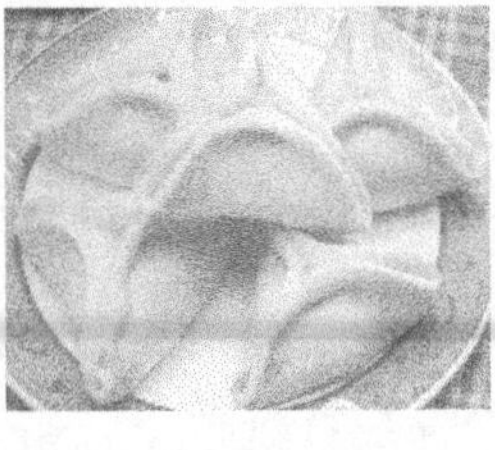

（五）技术要点

1. 投料要准确。

2. 和面时水温要适当。

3. 包制成形时封口要严，但不能捏边，捏合处要离边 0.5 cm。

4. 制品成形后，需在25～35 ℃的条件下饧10～30分钟，当制品的体积比原来增大三分之一时，即可入屉成熟，如果制品饧发时间不足，不易起发，体积小，色泽暗，发死。

5. 生坯要沸水下锅，冒汽计时。

6. 熟制时，前5分钟用小汽，后10分钟用大汽。

7. 蒸制时不要过火。

二十六、石榴包

（一）配方

皮料：面粉500 g　酵母5 g　白糖10 g　水230 g

馅料：白糖100 g　熟面30 g　熟豆油15 g

（二）工艺流程

和面→揉面→搓条→下剂→制皮→上馅→成形→熟制

制馅→上馅

（三）制作过程

1. 和面：面粉置于案板上，开个窝加入酵母、白糖、水（温度35～40 ℃）和成面团，揉匀、揉透，揉到面团十分光滑为止。

2. 制糖馅：将糖、熟面粉、熟豆油放到一起搓拌均匀即成糖馅。

3. 成形：将调制好的面团搓成直径6 cm的圆条，揪成70 g的面剂，按成直径10 cm的圆片，左手托皮，右手取三钱糖馅用拢上法包入馅心，收喇叭口，距口端1 cm处掐腰捏紧，呈石榴状，即成石榴包的生坯。

4. 熟制：将成形后的生坯饧10～30分钟，当生坯的体积比原来增大三分之一时即可入屉，蒸15分钟成熟。

（四）风味特点

色泽洁白，起发好，皮子厚薄均匀，馅味香甜，造型美观。

（五）技术要点

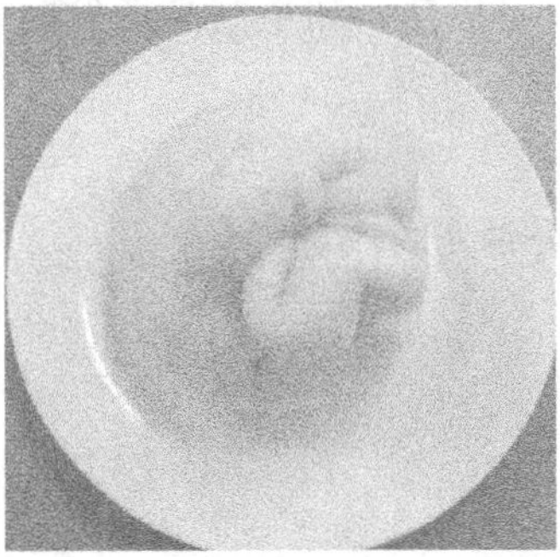

1. 投料要准确。

2. 和面时水温要适当。

3. 包制成形时收口要严。

4. 制品成形后，需在 25～35 ℃的条件下饧 10～30 分钟，当制品的体积比原来增大四分之一时，即可入屉成熟，如果制品饧发时间不足，不易起发，体积小，色泽暗，发死。

5. 生坯要沸水下锅，冒汽计时。

6. 熟制时，前 5 分钟用小汽，后 10 分钟用大汽。

7. 蒸制时不要过火。

二十七、什锦包

（一）配方

面粉 500 g　酵母 5 g　白糖 10 g　水 230 g　什锦馅 150 g

（二）工艺流程

和面——→揉面——→搓条——→下剂——→制皮——→上馅——→成形——→熟制

（三）制作过程

1. 和面：面粉置于案板上，开个窝加入酵母、白糖、水（温度 35～40 ℃）和成面团，揉匀、揉透，揉到面团十分光滑为止。

2. 成形：将调制好的面团搓成直径 6 cm 的圆条，揪成 70 g 的面剂，按成直径10 cm的圆片，左手托皮，右手取 15 g 什锦馅按入皮中，右手将边拢起，左手的食指与大拇指收拢剂口捏住，同时右手拿住包子底部旋转一下，使剂口封好，掐掉剂头。成为无缝包形，再搓成椭圆形生坯，使光面朝上，剂口朝下。

3. 熟制：将成形后的生坯饧 10～30 分钟，当生坯的体积比原来增大三分之一时即可入屉，蒸 15 分钟成熟。

（四）风味特点

色泽洁白，暄软香甜，果香浓郁。

（五）技术要点

1. 和面时水温要适当。

2. 包子皮薄厚均匀，成熟切开，上下左右的厚度相同。

3. 包制成形时收口要严、无缝，否则加热后容易破裂塌底漏馅，影响成品质量。

4. 制品成形后，需在 25～35 ℃的条件下饧 10～30 分钟，当制品的体积比原来增大三分之一时，即可入屉成熟，如果制品饧发时间不足，不易起发，体积小，色泽暗，发死。

5. 生坯要沸水下锅，冒汽计时。

6. 熟制时，前 5 分钟用小汽，后 10 分钟用大汽。

（六）什锦馅

什锦馅是以白糖为主料，加入多种辅料（一般 10 种以上）拌制而成的馅。

投料比例（g）

品名	白糖	辅料	香油	桂花	熟面	青红丝
用量	500	500	75	少许	200	适量

做法：先将各种果仁炸成炒熟，去皮擀碎，再将各种果脯切成米丁，与白糖、熟面、桂花、香油拌匀即成。其口味特点是多种口味，清香味甜。

什锦馅选用的原料：白糖、熟面粉、猪油、苹果脯、桃脯、梨脯、杏脯、海棠脯、瓜条、青梅、葡萄干、桂花酱。

二十八、天津包

（一）配方

皮料：面粉 1000 g　水 500 g　酵母 10 g　白糖 20 g

馅料：猪肉馅 500 g　酱油 25 g　香油 25 g　姜 10 g　料酒 10 g

蚝油 10 g　花椒面 5 g　胡椒粉 5 g　鸡粉（无高汤时）5 g
糯米粉 5 g　白糖 2 g　熟豆油 25～50 g　葱花 25～50 g
水（或高汤）250～350 g　食盐 2～3 g

（二）工艺流程

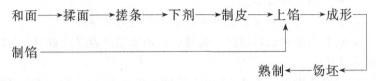

和面→揉面→搓条→下剂→制皮→上馅→成形→饧坯→熟制
制馅→上馅

（三）制作过程

1. 和面：将面粉放在案板上，中间开成窝形，加入酵母、白糖及水调和均匀，揉匀、揉透，揉到面团十分光滑为止。

2. 制馅：肉馅放盆内，加酱油、姜末、香油、料酒、蚝油、花椒面、胡椒粉、鸡粉、食盐、白糖、糯米粉煨好口，5 分钟后加水和味素，并顺着一个方向搅拌至肉馅呈黏稠状即可。水要分 2～3 次加入，每次间隔 15 分钟。水上好 10 分钟后加熟豆油，同时加葱花拌匀。拌好的馅要放冰箱 2 小时以后再用。

3. 成形：将饧好的面团搓成直径约 4 cm 的长条，揪成重 40 g 的剂子，按扁，擀成中间稍厚、边略薄的圆形皮子。左手托皮，右手用馅匙拨入重约 20 g 的馅心，放在皮子中央，右手拇指与食指沿边提16～18个菊花褶，收成一字口，成圆形包子。

4. 饧坯：成形后生坯要饧，饧到生坯体积比原来增大四分之一，一般在 25～35 ℃室温下饧 10～15 分钟即可。

5. 熟制：将包好的生坯码入屉内，旺火沸水蒸 5～6 分钟即熟。

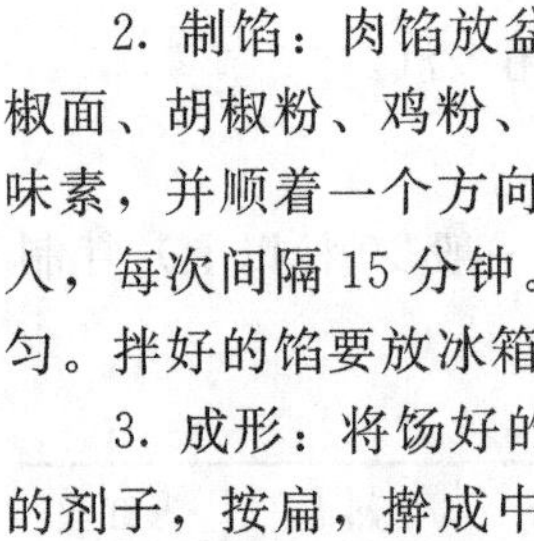

（四）风味特点

色泽洁白，形似待放的白菊花，皮薄厚均匀，有一定韧性，馅心松嫩，肥而不腻，口味鲜香。

（五）制作要点

1. 面皮发酵不要发过，要松发中有韧性。

2. 馅心打水时一定要顺着一个方向分次将水打入，且不可加水过急。

3. 包制成形时提褶要均匀，收口要严。

4. 蒸制时不要过火。

5. 饧发标准：制品生坯的体积比原来增大四分之一即可。

6. 特点：形似欲放白菊，皮薄而有筋力，馅鲜咸而香，柔软松嫩。

二十九、四喜卷

（一）配方

面粉 500 g　酵母 5 g　白糖 10 g　豆沙馅 25 g　水 220 g

（二）工艺流程

和面⟶揉面⟶开片⟶抹馅⟶卷筒⟶成形⟶熟制

（三）制作过程

1. 和面：将面粉置于案板上，加入酵母、白糖及水（35～40 ℃）调和均匀，揉匀、揉透，饧 5 分钟。

2. 成形：将饧好的面团用走锤擀成 0.5 cm 厚、40 cm 宽的长方形薄片，抹上豆沙，对卷成两个 4 cm 粗细均匀的卷筒，翻个，接缝朝下，用快刀锯切两刀，第一刀留一层皮不切段，第二刀切段，这样切成 10 段，将每一段从第一刀处掰开，立起形成四个螺纹柱体，即成四喜卷的生坯。

3. 熟制：制品生坯在 25～35 ℃的条件下饧 10～30 分钟，其体积比原来增大四分之一时，入屉蒸 15 分钟即熟。

（四）风味特点

形态美观，色彩鲜艳，松软香甜。

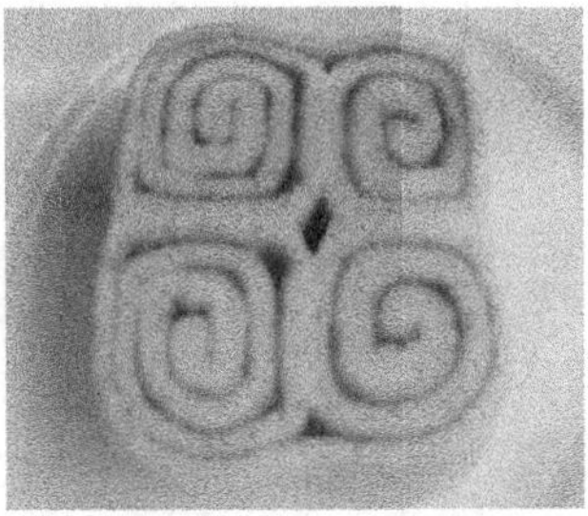

（五）技术要点

1. 面团调制的软硬要适当。

2. 开片时，片开的厚薄要一致。

3. 抹馅时，馅的软硬度要适当，馅不宜抹厚，要抹薄薄的一层，否则影响制品的形态。

4. 改刀时，第一刀要掌握好刀口的深度。

5. 制品成形后，需在 25～35 ℃的条件下饧 10～30 分钟，当制品的体积比原来增大四分之一时，即可入屉成熟，如果制品饧发时间不足，不易起发，体积小，色泽暗，发死。

6. 生坯要沸水下锅，冒汽计时。

7. 熟制时，前 5 分钟用小汽，后 10 分钟用大汽。

三十、双色菊花卷

（一）配方

面粉 900 g　黑米面 100 g　酵母 10 g　白糖 20 g　水 430 g

（二）工艺流程

和面→揉面→开片→卷筒→切剂→成形→熟制

（三）制作过程

1. 和面：先将 500 g 面粉、5g 酵母、10 g 白糖及 220 g 水（35～40 ℃）调和均匀，揉匀、揉透；再将 400 g 面粉、100 g 黑米面、5 g 酵母、10 g 白糖、210 g 水（35～40 ℃）调和成两掺面团，揉匀、揉透，饧 5 分钟。

2. 成形：将饧好的面团用走锤擀成 0.5 cm 厚、宽窄一致的长方形片，然后将两块面摞在一起，再擀成 0.5 cm 厚、40 cm 宽的长方形薄片，刷一半油，卷至中间成为 4 cm 粗细的卷，翻个，另一半再刷上油，也卷至中间成为 4 cm 粗细的卷，这样就形成了正反双卷的卷筒。将卷筒分切成 2 cm 宽的段，将每一段的截面朝上，立起，用筷子的细头将两个圆从中间夹紧，成为 4 个圆圈，再在每个圈头上，用快刀各切一刀，均匀分成两半使卷层散开，即成双色菊花卷的生坯。

3. 熟制：制品生坯在 25～35 ℃的条件下，饧 10～30 分钟，其体积比原来增大四分之一时，入屉蒸 15 分钟即熟。

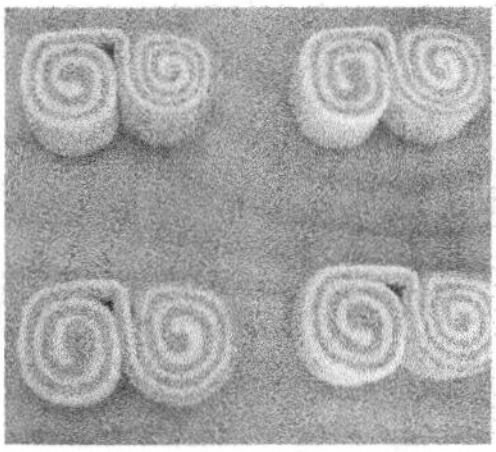

（四）风味特点

富含原料的清香，质地松软，色彩鲜明，形态美观，似盛开的双色菊花。

（五）技术要点

1. 投料要准确。

2. 和面时水温要适当。

3. 两块面团的软硬度要一致，面团不能软，否则影响制品的形态。

4. 面团调制好后要饧 5 分钟左右。

5. 制品成形后，需在 25～35 ℃的条件下饧 10～30 分钟，当制品的体积比原来增大四分之一时，即可入屉成熟，如果制品饧发时间不足，不易起发，体积小，色泽暗，发死。

6. 生坯要沸水下锅，冒汽计时。

7. 熟制时，前 5 分钟用小汽，后 10 分钟用大汽。

三十一、蝶形卷

（一）配方

面粉 1000 g　酵母 10 g　白糖 20 g　水 450 g　可可粉 2 g

豆油 20 g

（二）工艺流程

和面──→揉面──→开片──→刷油──→卷筒──→改刀──→成形──→熟制

（三）制作过程

1. 和面：先将 700 g 面粉、7 g 酵母、14 g 白糖、315 g 水（35～40 ℃）调和均匀，揉匀、揉透；再将 300 g 面粉、3 g 酵母、6g 白糖、2g 可可粉及 135 g 水（35～40 ℃）调和均匀，揉匀、揉透，饧 5 分钟。

2. 开片：将两块面团分别擀成长方形长短、宽窄一致的片、将棕色的片摞在白色片上面，再擀成 0.4 cm 厚、20 cm 宽的长方形薄片，刷油，卷成 4 cm 粗细均匀的圆柱形，用刀切成 1.5 cm 厚的小圆柱。

3. 成形：将小圆柱捏成椭圆形，平放在案板上，用筷子将两个错位的椭圆形坯夹在一起，捏成蝴蝶形状即成生坯（两个椭圆的长轴要平行，并错开半个身位）。

4. 熟制：成形后的生坯在 25～35 ℃的条件下饧 10～30 分钟，制品体积比原来增大四分之一时即可入屉，蒸 12～15 分钟成熟出屉。

（四）风味特点

形似蝴蝶，皂白分明，膨松柔软，具有可可味及面粉的清香。

（五）技术要点

1. 投料要准确。

2. 和面时水温要适当。

3. 面团调制好后要饧 5 分钟左右。

4. 开片时片的厚薄要均匀。

5. 卷圆筒时要尽量卷紧。

6. 制品成形后，需在 25～35 ℃的条件下饧 10～30 分钟，当制品的体积比原来增大四分之一时，即可入屉成熟，如果制品饧发时间不足，不易起发，体积小，色泽暗，发死。

7. 生坯要沸水下锅，冒汽计时。

8. 熟制时，前 5 分钟用小汽，后 10 分钟用大汽。

三十二、黑米花卷

（一）配方

面粉 500 g　酵母 5 g　白糖 110 g　黑米 150 g　水 220 g

（二）工艺流程

蒸黑米饭 → 和面 → 揉面 → 开片 → 抹馅 → 卷筒 → 饧坯 → 熟制 → 成形

（三）制作过程

1. 蒸饭：将黑米淘洗干净，加水蒸熟后，放入白糖拌匀。

2. 和面：将面粉置于案板上，中间开成窝形，加入酵母、白糖(10 g)及水（35～40 ℃）调和均匀，揉匀、揉透，饧 5 分钟。

3. 卷筒：饧好的面团用走锤擀成 0.6 cm 厚、30 cm 宽的长方形薄片，把黑米饭铺在面片上，卷成 6 cm 粗细均匀的筒，接缝朝下，即成生坯。

4. 熟制：制品生坯在 25～35 ℃的条件下饧 10～30 分钟，其体积比原来增大三分之一时，入屉蒸 20 分钟即熟。

5. 成形：将成熟后的条均匀地切成 10 段，即成黑米花卷。

（四）风味特点

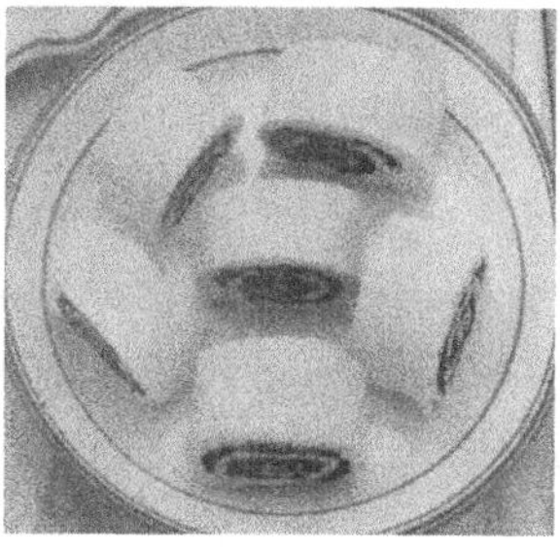

色泽洁白，层次分明，体积膨松，柔软香甜。

（五）技术要点

1. 投料要准确。

2. 和面时水温要适当。

3. 面团调制好后要饧 10 分钟左右，使面团体积有所膨松。

4. 开片时片的厚薄要均匀。

5. 铺米时，黑米要铺得厚薄均匀，不宜抹厚，否则影响制品的形态。

6. 卷圆筒时要尽量卷紧。

7. 制品成形后，需在 25～35 ℃的条件下饧 10～30 分钟，当制品的体积比原来增大四分之一时，即可入屉成熟，如果制品饧发时间不足，不易起发，体积小，色泽暗，发死。

8. 生坯要沸水下锅，冒汽计时。

9. 熟制时，前 5 分钟用小汽，后 15 分钟用大汽。

三十三、千层饼

（一）配方

面粉 1000 g　酵母 10 g　白糖 20 g　食盐 10 g　熟豆油 20 g　水 450 g

（二）工艺流程

和面→揉面→开片→刷油→撒盐→卷筒→下剂→成形→熟制→改刀

（三）制作过程

1. 和面：面粉置于案板上，开成窝形，加入酵母、白糖和 35～40 ℃的水调和均匀，揉匀、揉透，饧 5 分钟。

2. 开片：将饧好的面团用走锤擀成 0.5 cm 厚、40 cm 宽的长方形薄片，刷上油，撒上盐，卷成 5 cm 粗细均匀的条，接缝压在底下。

3. 成形：将条揪成 13 cm 长的 10 个剂，把剂的两头捏住，封好口，封口窝到底，再用擀面杖擀成椭圆形、长轴 15 cm、短轴 8 cm 的饼片，最后用花走锤在饼的表面推压出菱形花纹。

4. 熟制：将生坯在 25～30 ℃的条件下饧 20 分钟左右，当制品的体积比原来增大三分之一时即可入屉，急汽蒸 12～15 分钟成熟出屉。

5. 改刀：制品出屉后，用快刀锯切，横断成两段，使饼片层次充分显露出来。

（四）风味特点

色泽洁白，层次分明，质地膨松、柔韧，口味咸香。

（五）技术要点

1. 投料要准确。
2. 和面时水温要适当。
3. 面团软硬要适度。
4. 面团饧发要适度，不可过度，否则影响制品的色泽及表面的光洁度。
5. 开片厚薄要均匀、适当。太厚影响卷卷的层数，太薄卷的层数太多，影响制品的膨松度。
6. 开片后刷油要均匀，不可过多，撒层薄面再卷卷，这样成形时不会往外溢油，便于成形，同时制品层次分明、不混层。
7. 生坯要沸水下锅，冒汽计时。
8. 熟制时，前 5 分钟用小汽，后 10 分钟用大汽。

三十四、火腿卷

（一）配方

面粉 500 g　酵母 5 g　白糖 10 g　火腿 1 根　水 220 g

（二）工艺流程

和面──→揉面──→搓条──→下剂──→成形──→熟制

（三）制作过程

1. 和面：将面粉置于案板上，加入酵母、白糖和水（35～40 ℃）调和均匀，揉匀、揉透，揉到面团十分光滑为止。

2. 下剂：将揉好的面团搓成 6 cm 粗细均匀的条，揪成70 g一个的面剂。

3. 成形：将火腿切成 10 cm 的段，再将火腿顺切，分成 10 份，并将揪好的面剂搓成直径 1 cm 粗细均匀的圆条，将条缠在火腿肠上制成火腿卷生坯。

4. 熟制：将成形的生坯在 25～35 ℃的条件下饧 20 分钟左右，当制品的体积比原来增大四分之一时即可入屉，蒸 10～12 分钟成熟出屉。

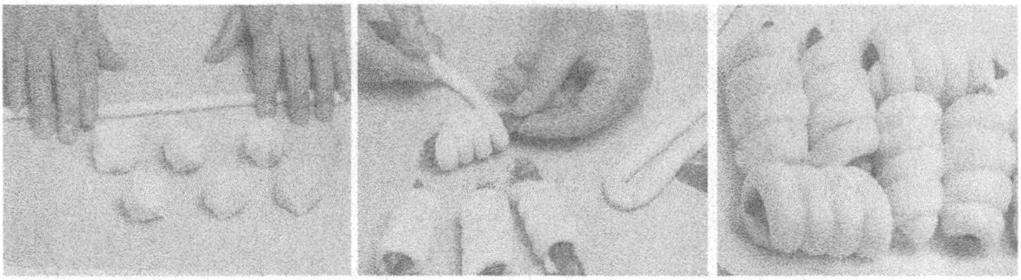

(四) 风味特点

色泽洁白，质地膨松、柔韧，口味咸香。

(五) 技术要点

1. 投料要准确。
2. 和面时水温要适当。
3. 面团调制好后要饧 5 分钟左右，使面团体积有所膨松。
4. 面剂搓条粗细要均匀。
5. 火腿缠条要紧。
6. 制品成形后，需在 25～35 ℃的条件下饧 10～30 分钟，当制品的体积比原来增大四分之一时，即可入屉成熟，如果制品饧发时间不足，不易起发，体积小，色泽暗，发死。
7. 生坯要沸水下锅，冒汽计时。
8. 熟制时，前 5 分钟用小汽，后 10 分钟用大汽。

三十五、水煎包

(一) 配方

皮料：面粉 500 g　水 250 g　酵母 5 g　白糖 10 g

馅料：猪肉馅 250 g　青菜馅 250 g　酱油 20 g　熟豆油 50 g　料酒 5 g　香油 10 g　花椒面 5 g　胡椒粉 3 g　葱花 50 g　姜末 10 g　精盐 5 g　水 100 g　味素 5 g

（二）工艺流程

和面→揉面→搓条→下剂→上馅→成形→熟制

制馅→上馅

（三）制作过程

1. 和面：面粉置于案板上，加入酵母、白糖和水（35～40 ℃）调和均匀，揉匀、揉透。

2. 调馅：将肉馅放入盆中，同时加入酱油、姜末、盐、香油、料酒、花椒面、胡椒粉，等 5 分钟后加水、味素，并顺着一个方向搅至肉馅黏稠，将挤干水分的菜馅、葱花、熟豆油放入馅中拌匀待用。

3. 成形：将揉好的面团搓成条，揪成重约 35 g 的剂子，擀成圆形皮，左手托皮，右手用馅匙打入 30 g 馅心，捏拢剂口，成元宝形坯子。

4. 熟制：将成形的生坯在 25～35 ℃的条件下饧 20 分钟左右，当制品的体积比原来增大四分之一时，摆入 160～170 ℃并淋有一层油的平锅中煎烙，当制品的底部出现黄嘎渣儿时，倒入调制好的面芡，盖上盖，烙 6 分钟成熟。

（四）风味特点

色泽洁白，松软油润，底部色泽金黄、香脆，馅心鲜咸而香、柔软松嫩。

（五）技术要点

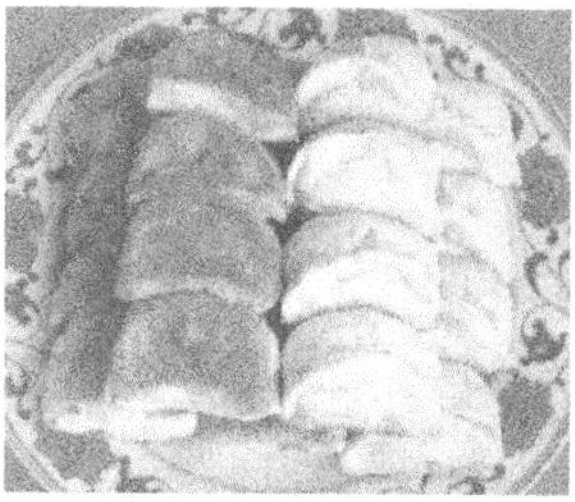

1. 投料要准确。

2. 和面时水温要适当。

3. 面团调制好后要饧 10 分钟左右，使面团体积有所膨松。

4. 擀皮时，边薄中间厚，中间是边上的两倍。

5. 制品成形后，需在 25～35 ℃的条件下饧 10～30 分钟，当制品的体积比原来增大四分之一时，即可入屉成熟，如果制品饧发时间不足，不易起发，体积小，色泽暗，发死。

6. 煎烙时，火力不宜大，注意生坯受热要均匀。

三十六、家常包

（一）配方

皮料：面粉 500 g　水 250 g　酵母 5 g　白糖 10 g

馅料：猪肉馅 250 g　青菜馅 250 g　酱油 20 g　熟豆油 50 g　料酒 5 g　香油 10 g　花椒面 5 g　胡椒粉 3 g　葱花 50 g　姜末 10 g　精盐 5 g　水 100 g　味素 5 g

（二）工艺流程

和面→揉面→搓条→下剂→上馅→成形→熟制

制馅→上馅

（三）制作过程

1. 和面：面粉置于案板上，加入酵母、白糖和水（35～40 ℃）调和均匀，揉匀、揉透。

2. 调馅：将肉馅放入盆中，同时加入酱油、姜末、盐、香油、料酒、花椒面、胡椒粉，等 5 分钟后加水、味素，并顺着一个方向搅至肉馅黏稠，将葱花、熟豆油和挤干水分的菜馅放入馅中拌匀。

3. 成形：将揉好的面团搓成条，揪成重约 35 g 的剂子，擀成圆形皮，左手托皮，右手用馅匙打入 30 g 馅心，捏拢剂口，成元宝形坯子。

4. 熟制：将生坯在 25～35 ℃的条件下饧 20 分钟左右，当制品的体积比原来大三分之一时即可入屉，急汽蒸 8～10 分钟成熟出屉。

（四）风味特点

色泽洁白，膨松柔软，馅鲜咸而香、柔软松嫩。

（五）技术要点

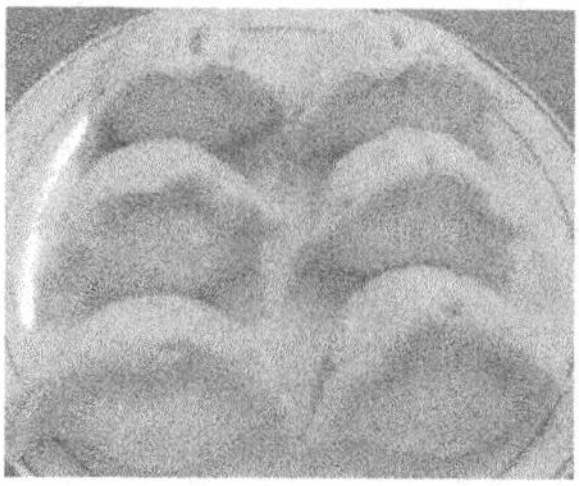

1. 投料要准确。

2. 和面时水温要适当。

3. 面团调制好后要饧 10 分钟左右，使面团体积有所膨松。

4. 擀皮时，边薄中间厚，中间是边上的两倍。

5. 制品成形后，需在 25～35 ℃的条件下饧 10～30 分钟，当制品的体积比原来增大四分之一时，即可入屉成熟，如果制品饧发时间不足，不易起发，体积小，色泽暗，发死。

6. 生坯要沸水下锅，冒汽计时。

7. 熟制时，前 3 分钟用小汽，后 5 分钟用大汽。

三十七、酸菜包

（一）配方

皮料：面粉 500 g　水 250 g　酵母 5 g　白糖 10 g

馅料：五花猪肉馅 200 g　酸菜馅 300 g　酱油 20 g　熟豆油 50 g　花椒面 5 g　胡椒粉 3 g　葱花 50 g　姜末 10 g　精盐 5 g　水 50 g　味素 5 g　料酒 5 g

（二）工艺流程

和面→揉面→搓条→下剂→上馅→成形→熟制

制馅→上馅

（三）制作过程

1. 和面：面粉置于案板上，加入酵母、白糖和水（35～40 ℃）调和均匀，揉匀、揉透。

2. 调馅：将肉馅放入盆中，同时加入酱油、姜末、盐、香油、料酒、花椒面、胡椒粉，等 5 分钟后加水、味素，并顺着一个方向搅至肉馅黏稠，将葱花、熟豆油和挤干水分的酸菜馅放入馅中拌匀。

3. 成形：将揉好的面团搓成条，揪成重约 70 g 的剂子，擀成圆形皮，左手托皮，右手用馅匙打入 60 g 馅心，捏拢剂口，成元宝形坯子。

4. 熟制：将生坯在 25～35 ℃的条件下饧 20 分钟左右，当制品的体积比原来大三分之一时即可入屉，急汽蒸 12～15 分钟成熟出屉。

（四）风味特点

色泽洁白，膨松柔软，馅鲜咸酸脆。

（五）技术要点

1. 投料要准确。

2. 和面时水温要适当。

3. 面团调制好后要饧 10 分钟左右，使面团体积有所膨松。

4. 擀皮时，边薄中间厚，中间是边上的两倍。

5. 制品成形后，需在 25～35 ℃的条件下饧 10～30 分钟，当制品的体积比原来增大四分之一时，即可入屉成熟，如果制品饧发时间不足，不易起发，体积小，色泽暗，发死。

6. 生坯要沸水下锅，冒汽计时。

7. 熟制时，前 3 分钟用小汽，后 5 分钟用大汽。

三十八、山东包子

（一）配料

皮料：面粉 1000 g　酵母 6～10 g　白糖 12～20 g　水 400～430 g

馅料：前槽肉丁 500 g　料酒 10 g　圆葱 20 g　大葱 25 g
花椒面 2 g　大料 2 g　桂皮 2 g　姜 10 g　盐 3 g
胡椒粉 2 g　海鲜酱油 10 g　净嫩白菜帮 400 g　香菇 60 g
香菜 60 g　粉条 100 g　北京甜面酱 50 g　味素 5 g
鸡粉 5 g　熟豆油 50 g　香油 15 g

（二）工艺流程

和面→揉面→搓条→下剂→制皮→上馅→成形→熟制

制馅→上馅

（三）制作过程

1. 和面：将面粉置于案板上，开个窝加入酵母、白糖、水（35～40 ℃）调和成团，揉匀、揉透，揉到面团十分光滑为止。

2. 制馅

①肉丁煨口：将肉丁、料酒、圆葱、大葱、花椒面、桂皮、海鲜酱油、姜、盐 2 g、胡椒粉置于盆中抓拌均匀，入味 30 分钟。

②拌馅：将 1 cm 宽窄的净白菜丁、粉条（干粉条用开水烫软，捞出过凉水后切 2 cm 的段，用酱油浸泡后使用）、炒熟的甜面酱、味素、鸡粉、熟豆油、食盐 1 g、香油、煨好口的肉丁（挑出大料、桂皮）、葱段等成形时拌匀即成馅料。

3. 成形：将饧好的面团揪成 20 个面剂，用手按扁擀成圆皮，中间略厚，将馅料放入皮的中间，收口提褶捏，捏成 18～20 个菊花褶，收严剂口，即成包子生坯。

4. 成熟：将成形后的生坯在 25～35 ℃的条件下饧 10～20 分钟，当生坯的体积比原来增大三分之一时即可入屉，沸水急汽蒸 15 分钟。

（四）风味特点

色泽洁白，麦穗或菊花褶，丰满圆润，皮薄馅大，鲜香适口。

（五）技术要点

1. 投料要准确。

2. 和面水温要适当。

3. 包制成形时捏褶要均匀，收口要严。

4. 制品成形后，需在 25～35 ℃的条件下饧 10～30 分钟，当制品体积比原来增大三分之一时，即可入屉成熟，否则制品饧发时间不足，不易起发，体积小，色泽暗，发死。

5. 生坯要沸水下锅，冒汽计时。

6. 熟制时，前 5 分钟用小汽，后 10 分钟用大汽。

7. 蒸制时不要过火。

三十九、菜团子

（一）配方

皮料：面粉 250 g　粗玉米面 75 g　豆面 75 g　酵母 5 g
白糖 10 g　水 200～225 g

馅料：净白菜馅 350 g　五花肉末 150 g　鸡腿葱 50 g　粉条 100 g
酱油 10 g　料酒 5 g　花椒面 3 g　胡椒粉 3 g
食盐 3～4 g　味素 3 g　熟豆油 50 g　姜 10 g　鸡粉 3 g

（二）工艺流程

和面→叠面→搓条→下剂→制皮→上馅→成形→熟制

制馅→上馅

（三）制作过程

1. 和面：先将玉米面用 80 g 沸水烫制后晾凉，再将面粉和豆面混合置于案板上，开个窝加入酵母、白糖、水（温度 35～40 ℃）及晾凉的玉米面调和成团，揉匀、揉透，揉到面团十分光滑为止。

2. 制馅：将五花肉馅、酱油、料酒、花椒面、胡椒粉、盐、姜、鸡粉调和均匀，使肉馅入味。10 分钟后加葱花、熟豆油调拌均匀，成形时再加味素和葱花拌匀即可。

3. 成形：将饧好的面团揪成 10 个面剂，将剂用手按成中间略厚、四周稍薄的圆形皮子，包入馅心收无缝口呈圆形，收口朝下，放在屉上。

4. 熟制：将成形后的生坯在 25～35 ℃的温度下饧 10～30 分钟，当生坯的体积饧至比原来体积增大三分之一时，即可入笼屉中，沸水急汽蒸 15 分钟即可。

（四）风味特点

皮色泽金黄，富有玉米和豆面的香味，较膨松且有一定的韧性，馅味咸鲜，具有白菜的清香、水亮及脆感。

（五）技术要点

1. 使用粗玉米面对需用热水将其烫透晾凉，否则制品口感粗糙。

2. 调制面团时要揉匀、揉透。

3. 玉米面及豆面的比例要适当，否则影响制品的口感和起发度。

4. 和面的水温要适当。

5. 面团调制好后要及时成形，否则面团膨松较大再成形会造成制品表面粗糙。

6. 制品成形后，需在 25～35 ℃的条件下饧 10～30 分钟，当制品的体积比原来增大四分之一时，即可入屉成熟，如果制品饧发时间不足不易起发，体积小，色泽暗，发死。

7. 生坯要沸水下锅，冒汽计时。

8. 熟制时，前 5 分钟用小汽，后 10 分钟用大汽。

9. 菜馅可选用山野菜、大头菜、芹菜、酸菜等。

四十、梅花糕

（一）配方

蛋糕粉 300 g　糖浆 500 g　鸡蛋 500 g

（二）工艺流程

蛋黄、糖浆→打蛋浆（+打蛋泸）→调糊（+面粉）→蛋泡面糊→成形→熟制

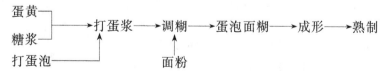

（三）制作过程

1. 打蛋浆：

(1) 把鸡蛋的清、黄分开，各放一个盆中。

（2）把糖浆倒在鸡蛋黄的盆中，搅匀。

（3）鸡蛋清抽糊，能立住筷子为止。

2. 调糊：把抽好的蛋清糊倒进鸡蛋黄盆中搅匀，再放入蛋糕粉，慢慢搅拌均匀。

3. 熟制：将梅花模洗净擦干，模内壁抹一层大油，用勺舀糊入模，用中火蒸 5 分钟即熟，表面点一个红点。

（四）质量标准

色泽：表面黄白色。

内质：起发均匀，空隙细密，无大气泡，有弹性，压缩后能还原。

口味：入口松软，无硬感，不粘牙，具有蛋香味，无异味。

（五）风味特点

黄白色，起发好，有弹性，蛋香味浓郁，入口松软香甜。

（六）技术要点

1. 鸡蛋须新鲜：新鲜蛋液胶体的浓稠度高，打近气体和保持气体的性能稳定。

2. 面粉的选择与加工：一般选用低筋粉效果较好，因为搅拌蛋糊时不易生筋，但必须过筛，以免制品夹生、有生粉出现，也可将面粉提前蒸熟，再擀碎过筛，由于面粉中蛋白质变性，更有利于蛋泡制品的松发。

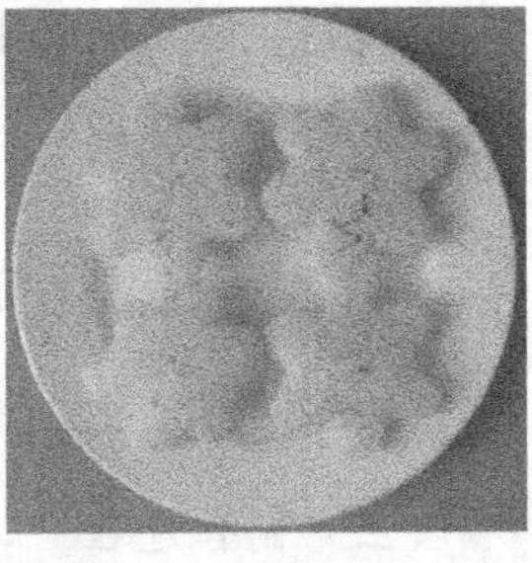

3. 蛋液的搅打方法：搅打蛋液的适宜温度是 30 ℃左右。若是少量制作，采用人工搅打蛋，必须先抽打蛋清至泡，再将蛋黄搅入，因为蛋黄中含有少量的油脂，它的表面张力会使气泡破裂，影响蛋液的打发。

4. 面粉加入蛋泡糊的方法：须将面粉过筛，加入蛋泡糊中，搅拌时要缓慢，防止面糊生筋。

任务二　烤制品

一、大抹酥

（一）配方

面粉 500 g　酵母 3.5 g　白糖 7 g　豆油 100 g　水 125 g　食盐 3 g

（二）工艺流程

和面——→制酥——→开片——→抹酥——→卷筒——→下剂——→成形——→熟制

（三）制作过程

1. 和面：面粉 350 g、酵母、白糖及水（35～40 ℃）调和均匀，揉匀、揉透，饧 10 分钟。

2. 制酥：面粉 150 g、豆油 90 g 调成软酥。

3. 成形：将饧好的面团擀成长方形的片，抹上软酥，卷成圆筒，下剂包成球形，擀成直径 12～15 cm、厚 1～1.5 cm 的饼片，表面刷层生豆油，在 25～35 ℃的条件下饧 15 分钟左右。

4. 熟制：当制品生坯的体积比原来增大三分之一时，可入烤炉烤制，炉温 210～280 ℃，时间 12～15 分钟。

（四）风味特点

金黄色或虎皮色，外酥里嫩，口味咸香，具有浓郁的脂香味。

（五）技术要点

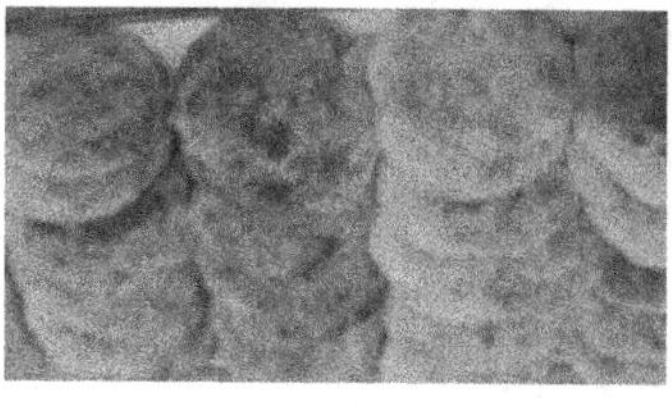

1. 投料要准确。
2. 和面时水温要适当。
3. 面团软硬要适度。
4. 面团饧发要适度，不可过度。
5. 开片厚薄要均匀、适当。

6. 开片后油酥要抹均匀，皮面与软酥的比例要适当（皮面∶软酥＝7∶3）。

7. 生坯饧发的程度一定要控制在增大三分之一体积，否则制品质量会受到影响。

8. 制品装满炉时，大型烤箱的炉温控制在 250～280 ℃，小型烤箱的炉温控制在 210～230 ℃。

二、烤饼

（一）配方

面粉 500 g　酵母 5 g　白糖 10 g　豆油 25 g　水 250 g

（二）工艺流程

和面──→揉面──→搓条──→下剂──→成形──→熟制

（三）制作过程

1. 和面：将面粉置于案板上，开个窝加入酵母、白糖及水（35～40 ℃）调和均匀，揉匀、揉透，揉到面团十分光滑。

2. 成形：将饧好的面团搓成条，挖成 5 个面剂，取一小块面头，蘸点油包在剂子的中间呈球形，按扁擀成直径 13 cm 左右的圆饼，在25～35 ℃的条件下饧 20 分钟左右。

3. 熟制：当制品生坯的体积比原来增大三分之一时，即可入炉烤制，炉温 210～230 ℃，时间 12 分钟即熟（或将饼铛加热到 160 ℃时，摆入饼坯，烙 12 分钟左右）。

（四）风味特色

金黄色或虎皮色，外焦里嫩，麦香浓郁。

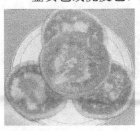

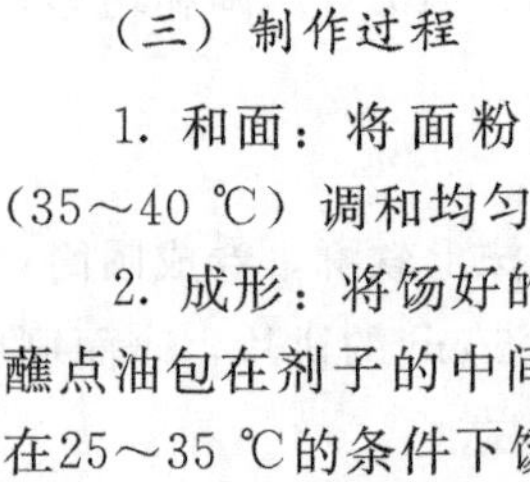

（五）技术要点

1. 面团调制好后，要在 25～30 ℃的条件下饧发5～10分钟，也就是面团已形成部分气体，开始膨松。

2. 制品成形擀片时不宜过薄，应控制在1～1.5 cm的厚度，否则影响制品质量。

3. 烘烤时炉温不可过低，否则烤制时间过长，制品质地干硬。

4. 用饼铛烙制时，要求三翻四烙，每次翻个 3～4 分钟，烙 12 分钟左右。

三、五七饼

（一）配方

面粉 1000 g　酵母 10 g　白糖 20 g　豆油 100 g　水 450 g
食盐 10 g

（二）工艺流程

和面⟶揉面⟶开片⟶刷油⟶卷卷⟶下剂⟶成形⟶熟制

（三）制作过程

1. 和面：将面粉置于案板上，开个窝加入酵母、白糖及水（35～40 ℃）调和均匀，揉匀、揉透，揉到面团十分光滑为止。

2. 成形：将饧好的面团擀成 0.5 cm 厚、40 cm 长的片，刷上油，撒上盐和面粉，卷成卷，挖成 150 g 一个的面剂。取一小块面头，蘸点油，包在面剂的中间呈球形，按扁，擀成直径 13 cm 左右的圆饼，表面刷层油，在 25～35 ℃的条件下饧 20 分钟左右。

3. 熟制：当制品生坯的体积比原来增大三分之一时，可放入烤炉烤制，炉温 210～280 ℃，时间为 12 分钟左右。

（四）风味特点

色泽金黄，外酥里嫩，口味咸香。

（五）技术要点

1. 投料要准确。

2. 和面时水温要适当。

3. 面团软硬要适度。

4. 面团饧发要适度，不可过度。

5. 开片厚薄要均匀、适当。

6. 制品成形擀片时不宜过薄，应控制在1～1.5 cm的厚度，否则影响制品质量。

7. 生坯饧发的程度一定要控制在体积增大三分之一，否则制品质量会受到影响。

8. 当制品满炉时，应使用大型烤箱，炉温控制在 250～280 ℃；使用小型烤箱，炉温控制在 210～230 ℃。

9. 若采用饼铛烙制时，锅温在 160～170 ℃。要求三翻四烙，时间为 12 分钟左右。

四、五香饼

（一）配方

面粉 1000 g　酵母 10 g　白糖 20 g　豆油 100 g　水 450 g
食盐 10 g　五香面 5～10 g

（二）工艺流程

和面→揉面→开片→刷油→撒盐→五香面→卷卷→下剂→成形→熟制

（三）制作过程

1. 和面：将面粉置于案板上，开个窝加入酵母、白糖及水(35～40 ℃)调和均匀，揉匀、揉透，饧 15 分钟。

2. 成形：将饧好的面团擀成 0.5 cm 厚、40 cm 长的片，刷上油，撒上五香粉和面粉，卷成卷，挖成 150 g 一个的面剂。取一小块面头，蘸点油，包在面剂的中间呈球形，按扁，擀成直径 13 cm 左右的圆饼，表面刷层油，在 25～35 ℃的条件下饧 20 分钟左右。

3. 熟制：当制品生坯的体积比原来增大三分之一时，可放入烤炉烤制，炉温 210～280 ℃，时间为 12 分钟左右。

（四）风味特点

色泽金黄，外焦里嫩，富含五香味。

（五）技术要点

1. 投料要准确。

2. 和面时水温要适当。

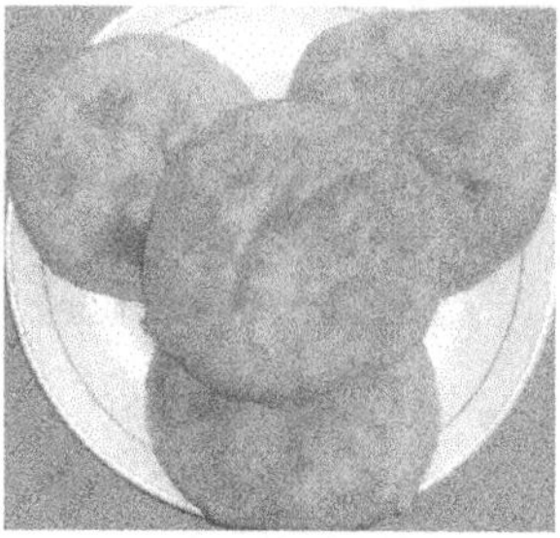

3. 面团软硬要适度。

4. 面团饧发要适度，不可过度。

5. 开片厚薄要均匀、适当。

6. 制品成形擀片时不宜过薄，应控制在1～1.5 cm的厚度，否则影响制品质量。

7. 生坯饧发的程度一定要控制在体积比原来增大三分之一，否则制品质量会受到影响。

8. 使用大型烤箱，制品满炉时，炉温控制在250～280 ℃；使用小型烤箱，炉温控制在210～230 ℃。

9. 若采用饼铛烙制时，锅温在160～170 ℃。要求三翻四烙，时间为12分钟左右。

五、盘瓢饼（圈饼）

（一）配方

面粉500 g　酵母5g　白糖10 g　豆油75g　水300g　盐5g

（二）工艺流程

和面→揉面→下剂→开片→成形→熟制

（三）制作过程

1. 和面：将面粉置于案板上，开个窝加入酵母、白糖及水(35 ～40 ℃)调和均匀，揉匀、揉透，饧10分钟。

2. 成形：将饧好的面团拉长挖成160g一个的面剂，擀成20 cm长、15 cm宽、厚薄均匀的长方形片，刷上油，撒上盐和面粉，折叠成4 cm宽的五层，捋拉成30 cm长的条，从左端盘起，并将右端的头部按开成片，将盘好的饼坯置于上面，擀成直径15 cm的饼片，在25～35 ℃的条件下饧10～30分钟。

3. 熟制：当制品生坯的体积比原来增大三分之一时，摆入饼铛内，温度为160～180 ℃，烙10～12分钟，经三翻四烙，后两翻刷油，烙至成熟。

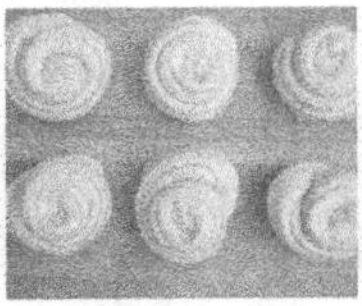

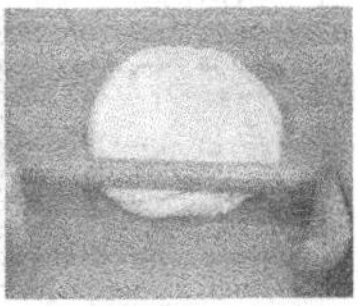

（四）风味特点

金黄色，外焦里嫩，皮香脆，内柔软，咸香。

（五）技术要点

1. 投料要准确。

2. 和面时水温要适当。

3. 面团软硬要适度。

4. 面团饧发要适度，不可过度。

5. 开片厚薄要均匀、适当。

6. 制品成形擀片时不宜过薄，应控制在1～1.5 cm的厚度，否则影响制品质量。

7. 生坯饧发的程度一定要控制在体积增大三分之一，否则制品质量会受到影响。

8. 控制好饼铛温度，掌握好翻饼时机，每次翻饼时间控制在3～4分钟。

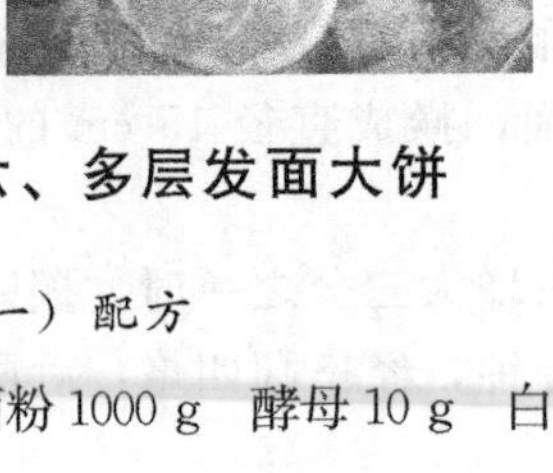
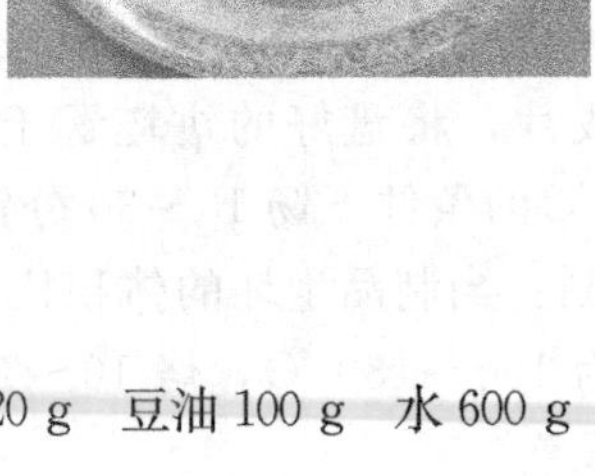

六、多层发面大饼

（一）配方

面粉1000 g　酵母10 g　白糖20 g　豆油100 g　水600 g　食盐10 g

（二）工艺流程

和面⟶揉面⟶饧面⟶开片⟶刷油⟶成形⟶熟制⟶改刀

（三）制作过程

1. 和面：将面粉置于案板上，开个窝加入酵母、白糖及水(35～40 ℃)调和均匀，揉匀、揉透，饧 10～20 分钟。

2. 成形：将饧好的面团捋成一个锥形长条，并擀成上宽15 cm、厚 1.5 cm、下窄 5 cm、薄 0.5 cm 的梯形坯，刷层油，撒上盐和面粉，从窄边卷叠 4～5 层，最后由宽边包拢封口，饧 15 分钟左右。

3. 熟制：当制品的体积比原来增大三分之一时，将面坯擀成直径 40 cm 左右的大片，放在 160～170 ℃的饼铛中烙 15～20 分钟，需要三翻四烙，刷两次油即成熟。

4. 改刀：制品成熟后要改成三角形的块。

（四）风味特点

金黄色，外焦里嫩，口味咸香。

（五）技术要点

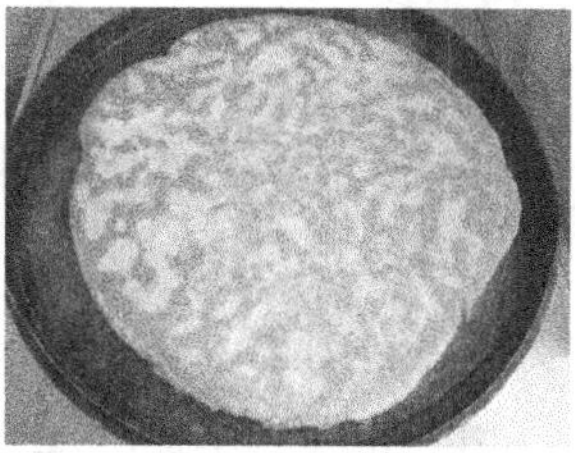

1. 投料要准确。

2. 和面时水温要适当。

3. 面团软硬要适度。

4. 面团调制好后，待其体积比原来膨松胀大四分之一时方可成形。

5. 制品成形擀片时不宜过薄，应控制在 1～1.5 cm 的厚度，否则影响制品质量。

6. 制品成坯后，需要在 25～40 ℃的条件下饧 10～20 分钟，其体积比原来增大一倍时，方可擀片成形，入锅烙制。

7. 烙制时，锅温要控制适当，不可过高，以免制品焦煳。三翻四烙，每次翻饼时间控制在 4～5 分钟。

七、糖馅发面饼

（一）配方

皮料：面粉 500 g　酵母 5 g　糖 10 g　水 300 g

馅料：白糖 150 g　熟面 50 g　熟豆油 25g

（二）工艺流程

和面──→揉面──→制馅──→下剂──→成形──→熟制

（三）制作过程

1. 和面：将面粉置于案板上，开个窝加入酵母、白糖及水（35～40 ℃）调和均匀，揉匀、揉透，饧 10 分钟。

2. 成形：将饧好的面团搓成 6 cm 粗细均匀的条，揪成 120 g 一个的面剂，把剂按成边薄、中间略厚的皮，包入 0. 9 g 馅，收无缝口，呈圆形，按扁擀成直径 13 cm 左右的饼，在 25～40 ℃的条件下饧 15 分钟左右。

3. 熟制：当制品生坯的体积比原来增大三分之一时，摆入饼铛，饼铛温度 160～170 ℃，要求三翻四烙，后两翻刷油，即刷两次油。

（四）风味特色

金黄色或虎皮色，外焦里嫩，松软香甜。

（五）技术要点

1. 投料要准确。

2. 和面时水温要适当。

3. 面团软硬要适度。

4. 面团调制好后，待其体积比原来膨松胀大四分之一时方可成形。

5. 掌握好制品成形后的饧发度，饧发的体积膨大不足三分之一时，制品发呆、发死，个头小；饧发体积膨大超过三分之一时，制品过于松发，缺乏韧性。

6. 控制好饼铛温度，掌握好每次翻个的时机（通常 2～3 分钟翻一次），防止焦煳、皮硬、生熟不均。

7. 包馅时收口要严，防止露馅。

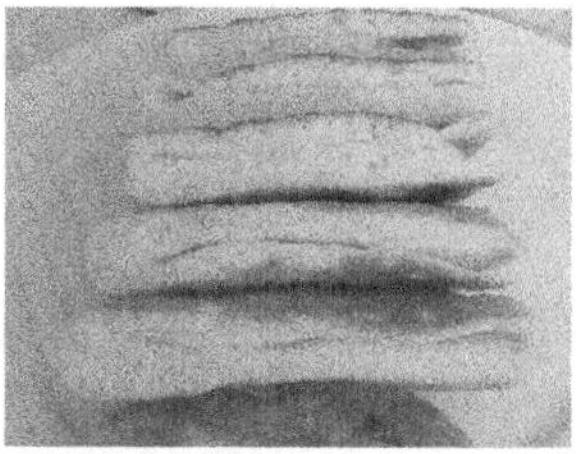

八、豆沙发面饼

（一）配方

面粉 500 g　酵母 5 g　白糖 10 g　水 300 g　豆油 50 g　豆沙馅 150 g

（二）工艺流程

和面——→揉面——→搓条——→下剂——→成形——→熟制

（三）制作过程

1．和面：将面粉置于案板上，开个窝加入酵母、白糖及水（35～40 ℃）调和均匀，揉匀、揉透，饧 10 分钟。

2．成形：将饧好的面团搓成 70 cm 粗细均匀的条，揪成 120 g 的面剂，把剂按成中间略厚、边薄的皮，并包入 20 g 豆沙收无缝口，呈圆形，按扁擀成直径 13 cm 左右的圆饼，在 25～40 ℃的条件下饧 15 分钟左右。

3．熟制：当制品生坯的体积比原来增大三分之一时，摆入饼铛，饼铛温度 160～180 ℃，烙 10～12 分钟，经三翻四烙，刷两次油即成熟。

（四）风味特色

金黄色，外焦里嫩，松软香甜。

（五）技术要点

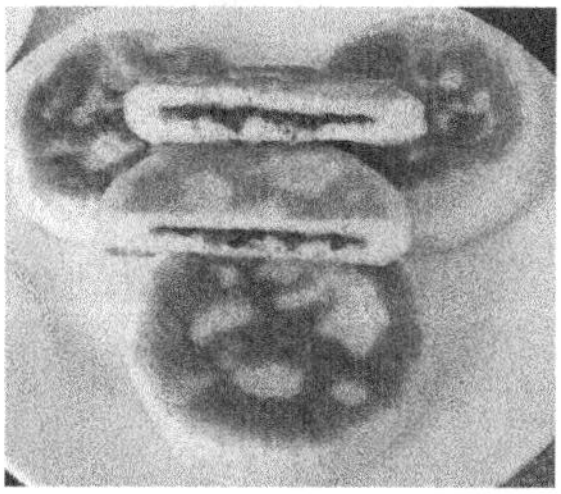

1．投料要准确。

2．和面时水温要适当。

3．面团软硬要适度。

4．面团调制好后，待其体积比原来膨松胀大四分之一时方可成形。

5. 掌握好制品成形后的饧发度，饧发的体积膨大不足三分之一时，制品发呆、发死，个头小；饧发体积膨大超过三分之一时，制品过于松发，缺乏韧性。

6. 控制好饼铛温度，掌握好每次翻个的时机，防止焦煳、皮硬、生熟不均。

7. 包馅时收口要严，防止露馅。

九、麻辣饼

（一）配方

皮料：面粉 1000 g　酵母 10 g　白糖 20 g　豆油 200 g
　　　水 550～600 g

麻辣料：辣椒面 50 g　麻椒面 25 g　味素 10 g　豆油 100 g
　　　　精盐 10 g　熟芝麻 50 g　孜然 10 g

（二）工艺流程

和面⟶揉面⟶下剂⟶开片⟶抹料⟶成形⟶熟制

（三）制作过程

1. 和面：将面粉置于案板上，开个窝加入酵母、白糖及水（35～40 ℃）调和均匀，揉匀、揉透，饧 10 分钟。

2. 麻辣料：将辣椒面、麻椒面、味素、碎芝麻、精盐、孜然、豆油调和均匀。

3. 成形：将饧好的面团搓成长条，挖成 110 g 一个的面剂，擀成长 40 cm、宽5 cm、厚 0.3～0.4 cm 的条，抹上一层麻辣料，从一头卷到另一头呈圆柱形，饧 5～10 分钟，擀成直径 12 cm 左右的饼片，在 25～40 ℃的条件下饧 15 分钟左右。

4. 熟制：当制品生坯的体积比原来增大四分之一时即可上锅，烙 12 分钟，经三翻四烙成熟。

（四）风味特色

棕红色，层次分明，外酥里嫩，麻辣鲜香。

（五）技术要点

1. 投料要准确。

2. 和面时，水温要适当，吃水要准确，面团软硬要适度。

3. 面团调制好后，待其体积比原来膨松胀大四分之一时方可成形。

4. 掌握好制品成形后的饧发度，饧发的体积膨大不足三分之一时，制品发呆、发死，个头小；饧发体积膨大超过三分之一时，制品过于松发，缺乏韧性。

5. 控制好饼铛温度，掌握好每次翻个的时机，防止焦煳、皮硬、生熟不均。

6. 熟制时，饼铛温度在 160～170 ℃，锅中油量偏多，有半煎半烙的特点。

十、糖发面

（一）配方

面粉 1000 g　酵母 10 g　白糖 120 g　豆油 120 g　水 450～500g　糖精 1g

（二）工艺流程

和面⟶揉面⟶搓条⟶下剂⟶成形⟶熟制

（三）制作过程

1. 和面：将面粉置于案板上，开个窝加入水（35～40 ℃）、糖、油及激活的酵母和热水化开的糖精，调和均匀，揉匀、揉透。

2. 成形：将面团在 25～35 ℃的条件下饧 15 分钟，将饧好的面团搓成直径 6 cm 粗细均匀的条，揪成 80 g 一个的面剂，搓成球形，擀成直径 12 cm 左右的圆片，摆入烤盘，在35～40 ℃的条件下饧 20 分钟左右。

3. 熟制：当制品生坯的体积比原来增大一倍时，即可入烤炉烤制，炉温 170～180 ℃，烤 10～12 分钟，出炉时，表面刷一层生豆油。

（四）风味特点

棕红色，起发好，细腻，松软香甜。

（五）技术要点

1. 投料要准确，糖精不可过量，否则制品发苦。

2. 和面时水温要适当。

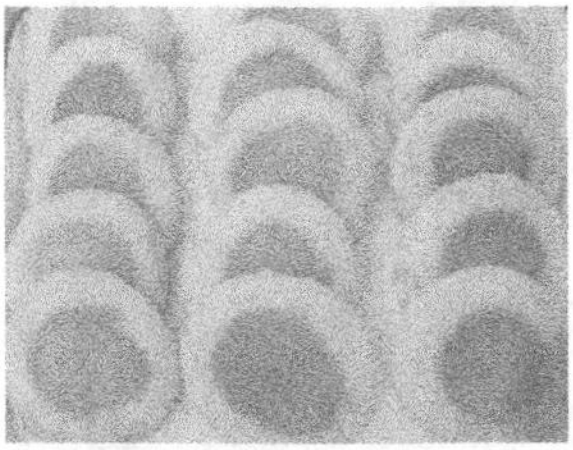

3. 面团软硬要适度。

4. 酵母激活：先将酵母与少量的糖调和均匀放在容器中，再用35～40 ℃的水激活。

5. 调和面团时尽量避免或推迟酵母与油脂的结合。

6. 生坯一定要饧好，若饧发时间短，制品起皮，不松软；若饧发时间长，制品口感不好，太暄，失去了糖发面的风味。

十一、奶油面包

（一）配方

面粉 1000 g　酵母 10 g　白糖 120 g　奶油 120 g　水 450～500 g　糖精 1 g　食盐 5 g　蜂蜜 20 g　椰蓉 20 g　面包改良剂 5 g

（二）工艺流程

和面⟶揉面⟶搓条⟶下剂⟶成形⟶熟制

（三）制作过程

1. 和面：将面粉置于案板上，开个窝，加入水（35～40 ℃）、糖、油、盐、面包改良剂及激活的酵母和热水化开的糖精，调和均匀，揉匀、揉透。

2. 成形：将揉好的面团在 30～35 ℃的条件下饧 10～30 分钟，将饧好的面团搓成直径 6 cm 粗细均匀的条，揪成 80 g 一个的面剂，搓成馒头形，摆入烤盘，放入温度 38～40 ℃、湿度 75%～85%的发酵箱内，饧 55～65 分钟，其体积比原来增大 2～3 倍。

3. 熟制：将饧好的生坯放入烤炉，炉温 180～200 ℃，烤 8～12 分钟，出炉时表面刷一层稀释的蜂蜜，沾上一层白椰蓉。

（四）风味特点

棕红色，起发丰满，松软香甜，细腻，富有奶油的芳香。

（五）技术要点

1. 投料要准确。

2. 和面时水温要适当。

3. 面团软硬要适度。

4. 酵母激活：先将酵母与少量的糖调和均匀放在容器中，再用 35～40 ℃的水激活。

5. 要掌握好生坯饧发的温度和湿度。

6. 面包的焙烤可分三个阶段。

(1) 面包入炉初期阶段：应当在温度较低和相对湿度较高（60%～70%）的条件下进行。上火不宜超过 120 ℃，下火可高些（250～260 ℃），这样可有利于面包体积的增大。这一阶段的时间约为 2～3 分钟。

(2) 培烤的第二阶段：当面包瓤温度达到 50～60 ℃时，便进入第二阶段。这时上下火的温度控制在 210～230 ℃。这一阶段的时间为 5～6 分钟。经过这个阶段的焙烤，面包就定形了。

(3) 培烤的第三阶段：这个阶段的主要作用是使面包皮着色和增加香气。这时上火温度可高于下火温度，上火可用 180～200 ℃，下火可用 140～160 ℃。如炉温过高，会使面包焦煳。

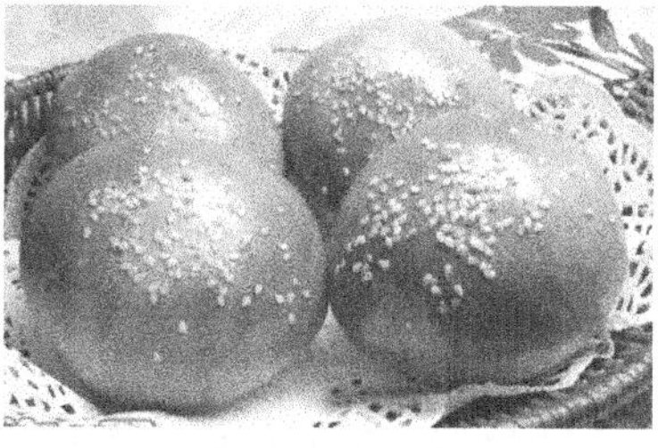

十二、琵琶扣

（一）配方

面粉 1000 g　酵母 10 g　白糖 220 g　豆油 120 g　水 450～500 g
面包改良剂 5 g

（二）工艺流程

和面⟶揉面⟶搓条⟶下剂⟶成形⟶熟制

（三）制作过程

1. 和面：将面粉置于案板上，开个窝加入水（35～40 ℃）、糖、油、改良剂及激活的酵母，调和均匀，揉匀、揉透。

2. 成形：将面团在 25～35 ℃的条件下饧 15 分钟，将饧好的面团搓成直径6 cm粗细均匀的条，揪成 80 g 一个的面剂，搓成直径 1.5 cm 左右、长 45 cm 的小条。将条的三分之一挂在左手的拇指内，三分之二在拇指外，右手拿着长条的头，在短条的头部缠绕半圈，裹住，并将左手拇指抽出，同时将右手持的剂头插入即成。将成形后的生坯摆入烤盘，表面刷层蛋液，并在 35～45 ℃的条件下饧 15 分钟左右。

3. 熟制：当生坯的体积比原来增大一倍时，入炉，炉温 180～200 ℃，烘烤 10～12 分钟。

（四）风味特点

金黄色，起发好，松软香甜，细腻。

（五）技术要点

1. 投料要准确。

2. 和面时水温要适当。

3. 面团软硬要适度。

4. 酵母激活：先将酵母与少量的糖调和均匀放在容器中，再用 35～40 ℃的水激活。

5. 调和面团时尽量推迟酵母与油脂的接触。

6. 生坯一定要饧好，若饧发时间短，制品体积小、不松软；若饧发时间长，制品口感不好，太暄，失去了琵琶扣的风味。

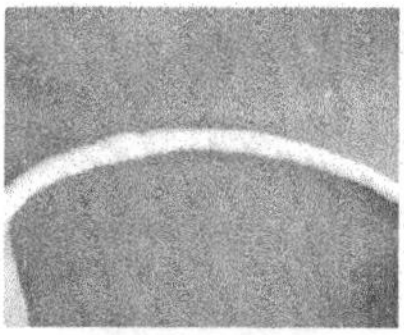
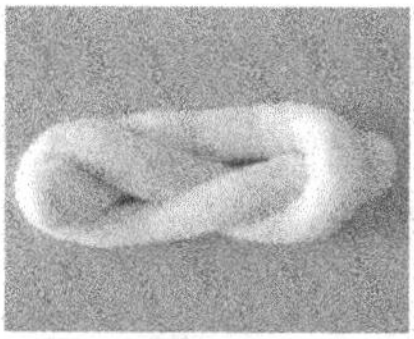

十三、双环

（一）配方

面粉 1000 g　酵母 10 g　白糖 220 g　豆油 120 g　水 450～500 g
面包改良剂 5 g

（二）工艺流程

和面——→揉面——→搓条——→下剂——→成形——→熟制

（三）制作过程

1. 和面：将面粉置于案板上，开个窝加入白糖、水（35～40 ℃）、油、改良剂及激活的酵母，调和均匀，揉匀、揉透。

2. 成形：将面团在 25～35 ℃的条件下饧 15 分钟，将饧好的面团揪成 80 g 一个的面剂，搓成长 50 cm 左右、宽 1.2 cm 左右的条，将条从两头反向盘卷至中间，即成双环的生坯。摆入烤盘，表面刷层蛋液，并在35～40 ℃的条件下饧 15 分钟左右。

3. 熟制：当生坯的体积比原来增大一倍时，将制品放入烤炉，炉温 180 ℃左右，烤 10～12 分钟出炉。

（四）风味特点

金黄色，起发好，松软香甜，细腻。

（五）技术要点

1. 投料要准确。

2. 和面时水温要适当。

3. 面团软硬要适度。

4. 酵母激活：先将酵母与少量的糖调和均匀放在容器中，再用35～40 ℃的水激活。

5. 调和面团时尽量推迟酵母与油脂的接触。

6. 生坯一定要饧好，若饧发时间短，制品体积小、不松软；若饧发时间长，制品口感不好，太暄，失去了双环的风味。

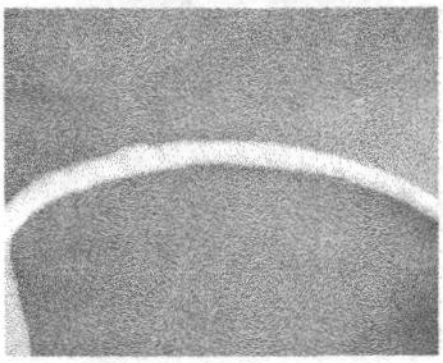

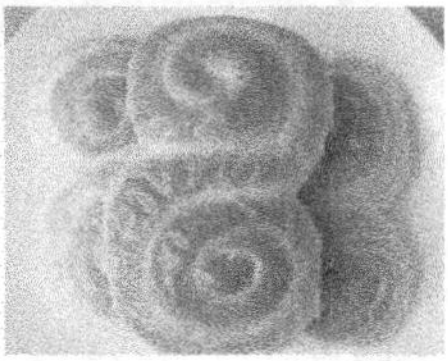

十四、烤麻花

（一）配方

面粉 1000 g　酵母 10 g　白糖 220 g　豆油 120 g

面包改良剂 5 g　砂糖 100 g　水 450～500 g

（二）工艺流程

和面──→揉面──→搓条──→下剂──→成形──→熟制

（三）制作过程

1. 和面：将面粉置于案板上，开个窝加入白糖、水(35～40 ℃)、油、改良剂及激活的酵母，调和均匀，揉匀、揉透。

2. 成形：将面团在 25～35 ℃的条件下饧 15 分钟，将饧好的面团揪成 80 g 一个的面剂，搓成长 50 cm 左右、宽 1.2 cm 左右的小条，上足劲，两头一合成为两股劲的麻花，表面沾上一层砂糖，摆入烤盘，并在35～40 ℃的条件下饧 15 分钟左右。

3. 熟制：当生坯的体积比原来增大一倍时，将制品放入烤炉，炉温 180 ℃左右，烤 10～12 分钟出炉。

（四）风味特点

杏黄色，起发好，松软香甜，细腻。

（五）技术要点

1. 投料要准确。

2. 和面时水温要适当。

3. 酵母激活：先将酵母与少量的糖调和均匀放在容器中，再用35 ～40 ℃的水激活。

4. 调和面团时尽量推迟酵母与油脂的接触。

5. 面团软硬要适度。

6. 搓条时，条要搓均匀，劲要上足，拧六个花。

7. 沾砂糖时，生坯要在湿屉布上沾一下，再沾砂糖。

8. 生坯一定要饧好，若饧发时间短，制品体积小、不松软；若饧发时间长，制品口感不好，太暄，失去了烤麻花的风味。

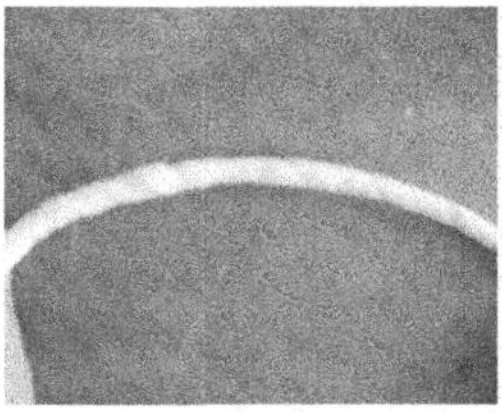
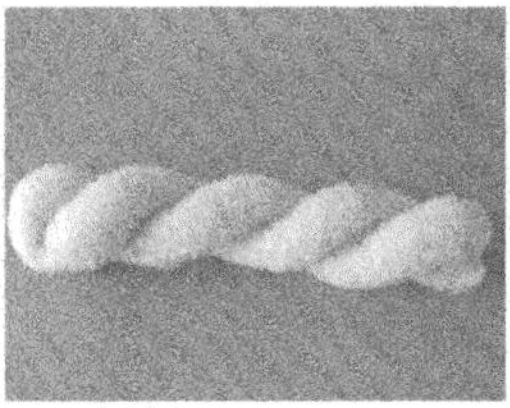

十五、虎皮糕

（一）配方

蛋糕粉 300 g　糖浆 500 g　鸡蛋 500 g

（二）工艺流程

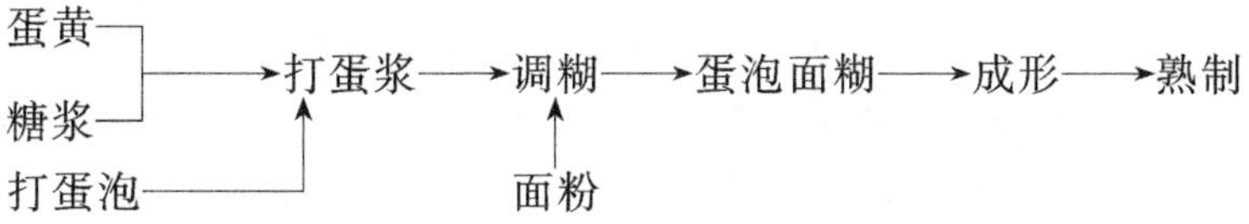

（三）制作过程

1. 打蛋浆：

（1）把鸡蛋的清、黄分开，各放一个盆中。

（2）把糖浆倒在鸡蛋黄的盆中搅匀。

（3）鸡蛋清抽糊，抽到能立住筷子为止。

2. 调糊：把抽好的蛋清糊倒进鸡蛋黄盆中搅匀，再放入蛋糕粉，慢慢搅拌均匀。

3. 成形（入模）：将烤盘铺纸刷油，蛋糊入烤盘。

4. 熟制：烘烤温度，入炉时 180 ℃，入炉后 5 分钟升至 200 ℃，10 分钟后升至 210 ℃。烘烤时间约 15 分钟，用牙签插入蛋糕坯内不挂面糊即熟。

（四）质量标准

色泽：表面金黄色或虎皮色，边墙黄白色，不焦底，不糊面。

内质：起发均匀，空隙细密，无大气泡，有弹性，压缩后能还原。

口味：入口松软，无硬感，不粘牙，具有蛋香味，无异味。

（五）风味特点

金黄色或虎皮色，起发好，有弹性，蛋香味浓郁，入口松软香甜。

（六）技术要点

1. 鸡蛋须新鲜：新鲜蛋液胶体的浓稠度高，打进气体和保持气体的性能稳定。

2. 面粉的选择与加工：一般选用低筋粉效果较好，因为搅拌蛋糊时不易生筋，但必须过筛，以免制品夹生、有生粉出现，也可将面粉提前蒸熟，再擀碎过筛，由于面粉中蛋白质变性，更有利于蛋泡制品的松发。

3. 蛋液的搅打方法：搅打蛋液的适宜温度是 30 ℃左右。若是少量制作，采用人工搅打蛋，必须先抽打蛋清至泡，再将蛋黄搅入，因为蛋黄中含有少量的油脂，它的表面张力会使气泡破裂，影响蛋液的打发。

4. 面粉加入蛋泡糊的方法：须将面粉过筛，加入蛋泡糊中，搅拌时要缓慢，防止面糊生筋。

十六、象眼糕

（一）配方

蛋糕粉 300 g　糖浆 500 g　鸡蛋 500 g

（二）工艺流程

蛋黄、糖浆→打蛋浆（加入打蛋泡）→调糊（加入面粉）→蛋泡面糊→成形→熟制

（三）制作过程

1. 打蛋浆：

（1）把鸡蛋的清、黄分开，各放一个盆中。

（2）把糖浆倒在鸡蛋黄的盆中搅匀。

（3）鸡蛋清抽糊，抽到能立住筷子为止。

2. 调糊：把抽好的蛋清糊倒进鸡蛋黄盆中搅匀，再放入蛋糕粉，慢慢搅拌均匀。

3. 熟制：将烤盘铺纸刷油，蛋糊入烤盘。烘烤温度，入炉时 180 ℃，入炉后 5 分钟升至 200 ℃，10 分钟后升至 210 ℃。烘烤时间约 15 分钟，用牙签插入蛋糕坯内不挂面糊即熟。

4. 成形：将蛋糕取出，揭去底部的纸，表面刷一层油，冷却后改成菱形块，菱形块的长对角线为 9 cm，短对角线为 3 cm。

（四）质量标准

色泽：表面金黄色或虎皮色，边墙黄白色，不焦底，不糊面。

内质：起发均匀，空隙细密，无大气泡，有弹性，压缩后能还原。

口味：入口松软，无硬感，不粘牙，具有蛋香味，无异味。

（五）风味特点

金黄色或虎皮色，起发好，有弹性，蛋香味浓郁，入口松软香甜。

（六）技术要点

1. 鸡蛋须新鲜：新鲜蛋液胶体的浓稠度高，打进气体和保持气体的性能稳定。

2. 面粉的选择与加工：一般选用低筋粉效果较好，因为搅拌蛋糊时不易生筋，但必须过筛，以免制品夹生、有生粉出现，也可将面粉提前蒸熟，再擀碎过筛，由于面粉中蛋白质变性，更有利于蛋泡制品的松发。

3. 蛋液的搅打方法：搅打蛋液的适宜温度是 30 ℃左右。若是少量制作，采用人工搅打蛋，必须先抽打蛋清至泡，再将蛋黄搅入，因为蛋黄中含有少量的油脂，它的表面张力会使气泡破裂，影响蛋液的打发。

4. 面粉加入蛋泡糊的方法：须将面粉过筛，加入蛋泡糊中，搅拌时要缓慢，防止面糊生筋。

十七、卷糕

（一）配方

蛋糕粉 250 g　糖浆 300 g　鸡蛋 500 g　果酱 500 g

（二）工艺流程

蛋黄、糖浆→打蛋浆（加入打蛋泡）→调糊（加入面粉）→蛋泡面糊→成形→熟制→成形

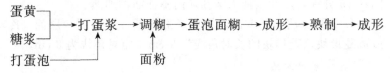

（三）制作过程

1. 打蛋浆：

（1）把鸡蛋的清、黄分开，各放一个盆中。

（2）把糖浆倒在鸡蛋黄的盆中搅匀。

（3）鸡蛋清抽糊，抽到能立住筷子为止。

2. 调糊：把抽好的蛋清糊倒进鸡蛋黄盆中搅匀，再放入蛋糕粉，慢慢搅拌均匀。

3. 熟制：将烤盘铺纸刷油，蛋糊入烤盘。烘烤温度，入炉时 180 ℃，入炉后 5 分钟升至 200 ℃，10 分钟后升至 210 ℃。烘烤时间约 15 分钟，用牙签插入蛋糕坯内不挂面糊即熟。

4. 成形：将蛋糕取出，揭去底部的纸，表面刷一层油，冷却后将糕坯切成长方形，其宽 15 cm，一块剖为两片，剖面朝上，厚

0.8 cm，将果酱涂刮在糕坯上，卷成长圆筒形，然后用纸包上，食用时改成 2 cm 厚的片。

（四）质量标准

色泽：表面金黄色或虎皮色，边墙黄白色，不焦底，不糊面。

内质：起发均匀，空隙细密，无大气泡，有弹性，压缩后能还原。

口味：入口松软，无硬感，不粘牙，具有蛋香味，无异味。

（五）风味特点

金黄色或虎皮色，起发好，有弹性，蛋香味浓郁，入口松软香甜。

（六）技术要点

1. 鸡蛋须新鲜：新鲜蛋液胶体的浓稠度高，打进气体和保持气体的性能稳定。

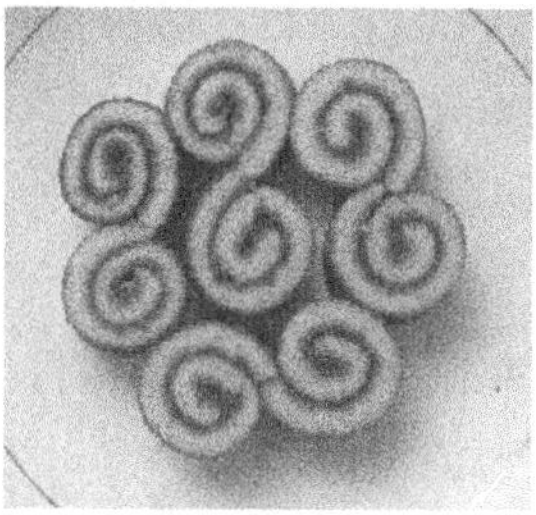

2. 面粉的选择与加工：一般选用低筋粉效果较好，因为搅拌蛋糊时不易生筋，但必须过筛，以免制品夹生、有生粉出现，也可将面粉提前蒸熟，再擀碎过筛，由于面粉中蛋白质变性，更有利于蛋泡制品的松发。

3. 蛋液的搅打方法：搅打蛋液的适宜温度是 30 ℃左右。若是少量制作，采用人工搅打蛋，必须先抽打蛋清至泡，再将蛋黄搅入，因为蛋黄中含有少量的油脂，它的表面张力会使气泡破裂，影响蛋液的打发。

4. 面粉加入蛋泡糊方法：须将面粉过筛，加入蛋泡糊中，搅拌时要缓慢，防止面糊生筋。

十八、三色糕

（一）配方

蛋糕粉 300 g　糖浆 500 g　鸡蛋 500 g　奶油膏 400 g　可可粉 10 g

（二）工艺流程

蛋黄、糖浆 → 打蛋浆（+打蛋泡）→ 调糊（+面粉、可可粉）→ 蛋泡面糊 → 成形 → 熟制 → 成形

（三）制作过程

1. 打蛋浆：

（1）把鸡蛋的清、黄分开，各放一个盆中。

（2）把糖浆倒在鸡蛋黄的盆中搅匀。

（3）鸡蛋清抽糊，抽到能立住筷子为止。

2. 调糊：把抽好的蛋清糊倒进鸡蛋黄盆中搅匀，再放入蛋糕粉，慢慢搅拌均匀，将蛋糊取出一半加入可可粉慢慢搅拌均匀。

3. 入模：将烤盘铺纸刷油，两种蛋糊分别倒入两个烤盘。

4. 熟制：烘烤温度，入炉时 180 ℃，入炉后 5 分钟升至 200 ℃，10 分钟后升至 210 ℃。烘烤时间约 15 分钟，用牙签插入蛋糕坯内不挂面糊即熟。

5. 成形：出炉后将蛋糕坯底部的纸剥去，冷却后将奶油膏抹在两层两色蛋糕的中间，用刀改成三角形的块。

（四）质量标准

色泽：红黄白三色，不焦底，不糊面。

内质：起发均匀，空隙细密，无大气泡，有弹性，压缩后能还原。

口味：入口松软，无硬感，不粘牙，具有蛋香味，无异味。

（五）风味特点

红黄白三色，色鲜明，起发好，有弹性，蛋香味浓郁，入口松软香甜。

（六）技术要点

1. 鸡蛋须新鲜：新鲜蛋液胶体的浓稠度高，打进气体和保持气体的性能稳定。

2. 面粉的选择与加工：一般选用低筋粉效果较好，因为搅拌蛋糊时不易生筋，但必须过筛，以免制品夹生、有生粉出现，也可将面粉提前蒸熟，再擀碎过筛，由于面粉中蛋白质变性，更有利于蛋泡制品的松发。

3. 蛋液的搅打方法：搅打蛋液的适宜温度是 30 ℃左右。若是少量制作，采用人工搅打蛋，必须先抽打蛋清至泡，再将蛋黄搅入，因为蛋黄中含有少量的油脂，它的表面张力会使气泡破裂，影响蛋液的打发。

4. 面粉加入蛋泡糊方法：将面粉过筛，加入蛋泡糊中，搅拌时要缓慢，防止面糊生筋。

任务三　炸制品

一、蜂蜜麻花

（一）配方

面粉 1000 g　豆油 100 g　白糖 200 g　蜂蜜 100 g　酵母 10 g
水 300 g　耗植物油 50 g（备植物油 5000 g）

（二）工艺流程

和面⟶揉面⟶下剂⟶搓条⟶成形⟶熟制

（三）制作过程

1. 和面：面粉置于案板上，开成窝形，加入豆油、白糖、蜂蜜和 40 ℃左右的水进行初步调和，再将激活的酵母倒入，抄拌均匀，揉匀、揉透，在 30 ℃左右的温度下饧 20 分钟左右。

2. 下剂：将饧好的面团搓成 5 cm 粗的条，揪成 80 g 一个的面剂，手握剂的剖面，将剂搓成 10 cm 长的剂条，摆好刷油，盖上塑料布饧 10 分钟左右。

3. 成形：将饧好的剂拉成长 20 cm 左右、中间略细、两头偏粗的条，再搓成长45 cm、中间粗细均匀、两端略粗的小条，小条上劲，右手向前搓，左手向后搓，劲不可过足，将上好劲的两根小条的两端捏到一起，松开一端，提起另一端，使两条自然拧劲，成为大条。当大条继续上劲时，右手向后搓，左手向前搓，劲上足时，大条要在案台上摔扯拉长，使条长达 90 cm。再将大条上足劲，右手拇指与食指捏住 2 cm 的剂头，使剂头朝着手心，左手拇指与食指也捏住 2 cm 的剂头，使剂头向下朝案台，然后右手向左一甩使大条折成三折，把两剂头左朝下、右朝上分别插在两侧半环形的条里掖住，松开一端，提起另一端，使大条自然拧成绳头状的麻花。将生坯饧至比原来体积增大三分之一时，即可炸制。

4. 熟制：当锅中的油温升至 160～170 ℃时，投入饧好的麻花生坯，经 10 分钟左右炸成棕红色，要求温油入、热油出，出锅时，油温要达到 180～200 ℃。

（四）风味特点

棕红色，外酥脆里绵软，起发好，具有蜂蜜的芳香甘甜。

（五）质量标准

条粗细均匀，棕红色，外酥脆里绵软，七个花以上，起发好，不浸油。

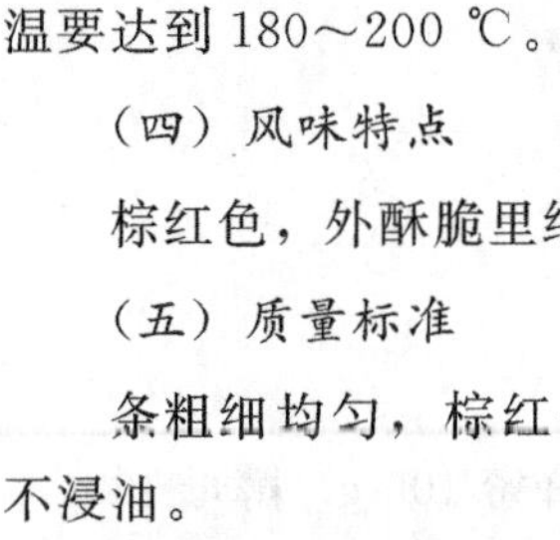

（六）技术要点

1. 酵母必须激活，激活的酵母尽量推迟与油接触。

2. 糖尽量用热水溶化。

3. 水、油、糖、蜂蜜尽量调成乳浊液。

4. 饧面时一定要盖上湿布，避免表皮干壳。

5. 搓条时要粗细均匀，拧绳索状时要紧而匀。

6. 炸制时油温要控制好。

7. 炸制时油锅附近要备有足够的凉油。

8. 炸制时油锅里的油不能超过锅的三分之二，油锅一旦起火，要及时添加凉油，使锅内油脂降温，当油温达不到燃点时，火会自然熄灭。

二、糖酥麻花

（一）配方

面粉 1000 g　豆油 150 g　白糖 300 g　鸡蛋 150 g　高糖酵母 5 g　水 200 g

（二）工艺流程

和面⟶揉面⟶下剂⟶搓条⟶成形⟶熟制

（三）制作过程

1. 和面：鸡蛋液放入盆内，加入 200 g 40 ℃左右的水，搅匀使糖溶化，而后将其倒入置于案板上的面粉中，并加入油脂拌匀，最后加入激活的酵母，将面团揉匀、揉透。

2. 下剂：将饧好的面团搓成 4 cm 粗细均匀的大条，从一端向另一端盘起，上面刷层油，用油布盖严。饧 10 分钟后，再把条搓细，揪成 40 个面剂，手握面剂剖面，搓成 4 寸长条，排好刷油摞起，盖上油布，饧放 10 分钟。

3. 成形：取小剂搓成 40 cm 的长条，右手向前搓条上劲，双条合拢后，再反向搓条上劲，然后把条折成三根，自然拧成绳头状，成 25 cm 长、七个花以上的麻花生坯。

4. 熟制：油锅烧热至 160～180 ℃，下入麻花生坯，炸成棕红色。

（四）风味特点

棕红色，起发好，不浸油，七个花以上，香甜酥脆。

（五）技术要点

1. 酵母必须激活，激活的酵母尽量避免或推迟同油接触。

2. 糖尽量用热水溶化。

3. 水、油、糖尽量调成乳浊液。

4. 饧面时一定要盖上湿布，避免表皮干壳。

5. 搓条时要粗细均匀，拧绳索状时要紧而匀。

6. 炸制时油温要控制好。

7. 炸制时油锅附近要备有足够的凉油。

8. 炸制时油锅里的油不能超过锅的三分之二，油锅一旦起火，要及时添加凉油，使锅内油脂降温，当油温达不到燃点时，火会自然熄灭。

三、发面麻花

（一）配方

1. 面粉 1000 g　豆油 50 g　白糖 100 g　酵母 10 g　水 450 g　糖精 2 g

2. 面肥 150 g（含水肥 200 g）　面粉 850 g　白糖 100 g　豆油 50 g　糖精 2 g　碱液适量（净碱 10 g 左右）　水 380 g

（二）工艺流程

和面──→揉面──→下剂──→搓条──→成形──→熟制

（三）制作过程

1. 和面：

（1）面粉置于案板上，开成窝形，加入豆油、白糖、溶解的糖精和40 ℃左右的水进行初步调和，再将激活的酵母倒入，抄拌均匀，揉匀、揉透，在 30 ℃左右的温度下饧 20 分钟左右。

（2）将面肥放入盆内，加入碱液适量（净碱 10 g 左右）和 380 g 40 ℃左右的水，搅拌均匀，而后将其倒入案板上的面粉中，并加入油脂、白糖和溶解的糖精拌匀，将面团揉匀、揉透。

2. 下剂：将饧好的面团搓成 5 cm 粗的条，揪成 80 g 一个的面剂，手握剂的剖面，将剂搓成 10 cm 长的剂条，摆好刷油，盖上塑料布饧 10 分钟左右。

3. 成形：取小剂搓成 45 cm 长条，右手向前搓条上劲，左手向后搓，劲不可过足，将上好劲的两根小条的两端捏到一起，松开一端，提起另一端，使两条自然拧劲，成为大条。双条合拢后，再反向搓条上劲，使条长达 90 cm，然后把条折成三根，自然拧成绳头状，成 30 cm 长、七个花以上的麻花生坯。将生坯饧至比原来体积增大三分之一时，即可炸制。

4. 熟制：油锅烧热至 160～180 ℃，下入麻花生坯，炸成棕红色。

（四）风味特点

棕红色，起发好，不浸油，七个花以上，松软香甜。

（五）技术要点

1. 酵母必须激活，激活的酵母尽量避免或推迟同油接触。

2. 糖尽量用热水溶化。

3. 水、油、糖尽量调成乳浊液。

4. 饧面时一定要盖上湿布，避免表皮干壳。

5. 搓条时要粗细均匀，拧绳索状时要紧而匀。

6. 炸制时油温要控制好。

7. 炸制时油锅附近要备有足够的凉油。

8. 炸制时油锅里的油不能超过锅的三分之二，油锅一旦起火，要及时添加凉油，使锅内油脂降温，当油温达不到燃点时，火会自然熄灭。

四、套环

（一）配方

面粉 500 g　鸡蛋 200 g　白糖 150 g

（二）工艺流程

和面──→揉面──→饧面──→成形──→熟制

（三）制作过程

1. 和面：先将蛋液和白糖搅拌均匀，再倒入面里拌和均匀，最后将面团揉匀、揉透，饧 20 分钟。

2. 成形：将饧好的面团擀成 0.2 cm 厚的薄片，刷层油，再折成双后将其切成 2 cm 宽、6 cm 长的小条，将小条的中间切一个 2 cm 长的小口，并将小条的一头从小口处翻掏出来，即成套环生坯。

3. 熟制：将炸锅中的油加热到 180 ℃左右时，将套环生坯下锅，炸成棕黄色，大约 6 分钟即熟。

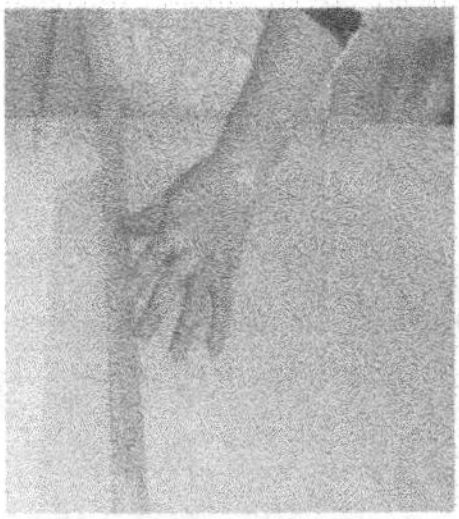

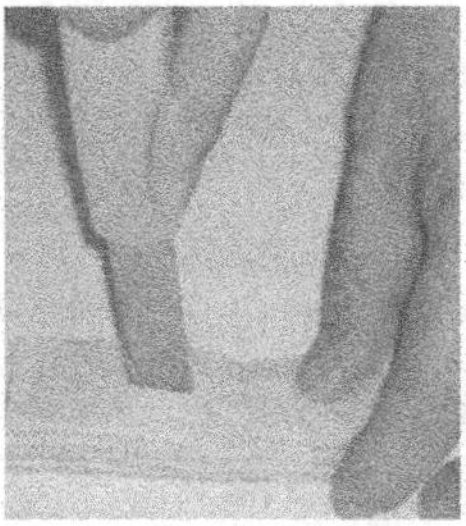

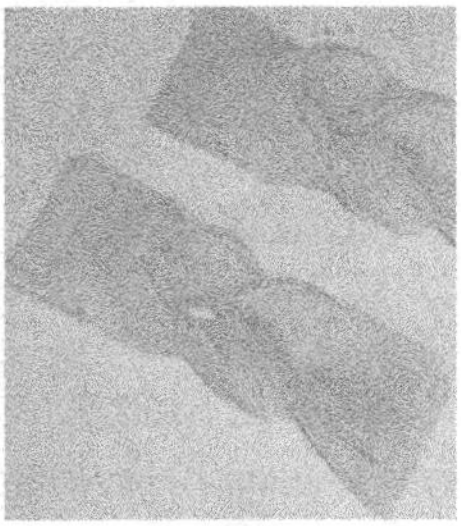

（四）风味特点

棕黄色，香甜，酥脆。

（五）技术要点

1. 熟制时，要求油锅中的油与制品的比例是 5∶1，即 5 斤油，1 斤套环生坯。

2. 炸制时油温要控制在 180 ℃左右。

3. 炸制时油锅附近要备有足够的凉油。

4. 炸制时油锅里的油不能超过锅的三分之二，油锅一旦起火，要及时添加凉油，使锅内油脂降温，当油温达不到燃点时，火会自然熄灭。

（六）感官标准

规格形状：双套环状，大小均匀。

表面色泽：浅棕黄色，颜色一致。

口味口感：具有蛋香味，口感绵酥，无异味。

内部组织：具有均匀的小蜂窝，不含杂质。

五、油条

（一）配方

表 1 调制油条面团参考配方（kg）

季节	冬			春秋			夏		
标粉	10	10	10	10	10	10	10	10	10
面碱	0.31	0.32	0.33	0.22	0.33	0.35	0.4	0.45	0.55
明矾	0.3	0.3	0.3	0.3	0.3	0.3	0.35	0.35	0.35
食盐	0.12	0.12	0.12	0.12	0.12	0.12	0.13	0.15	0.15
水	6	6	6	5.5	5.5	5.5	5.5	5	5
水温(℃)	50	45	40	45	40	35	30	15	10
饧面时间（h）	2	4	6	2	4	6	2	4	6～8

表 2 调制油条面团参考配方（kg）

季节	三九天		三伏天	
标粉	10	10	10	10
面碱	0.26	0.27	0.4	0.5
明矾	0.25	0.25	0.35	0.4
食盐	0.12	0.12	0.13	0.15
水	6～6.5	6	5.5	5
水温（℃）	40～45	40	30	15
饧面时间（h）	2	4～6	2	4～6

表中的标粉换成特二粉时，明矾的增变量在 0.1 kg 以内，其碱的增量要等于矾的增变量。

（二）工艺流程

矾碱盐→捣料→掺水→拌粉→搋面→叠面→饧面→捋条→剁条→摞条→炸制→成品

（三）制作过程

1. 和面：根据面粉的质量、季节等因素选择配方下料，将矾碱盐在缸盆中捣碎，投入三分之一的水（水温 50 ℃左右）使其溶解。拌粉时盆中有 90％的水即可，加入粉料抄拌成麦穗状，将面团撕抓均匀，并随着带入余下的水分。将面团搋匀搋透，双手再插入靠盆边处的面团，将一部分面团带起，使其自然向缸盆底边摔去，将面团表皮所含的游离水，通过气体所产生的压力挤入面团内部，而后折叠，如此转圈摔叠，直到面团光滑为止，再折叠四面。叠好面团后饧 15 分钟，再搋叠二遍，搋面时，双拳半握按箭头指向运动（见图 1）；叠面时，要四面叠，成正方形（见图 2），要求重叠两三遍。饧 15 分钟后，继续搋叠四面，重叠两遍，最后一遍要将面从盆的一侧叠至另一侧（见图 3）。最后将面团的表面刷油，用油布盖好，饧 2 小时左右。饧好后置于案板上，根据面团横竖劲的方向拉开摊平，面团厚 3～4 cm 为宜（见图 4）。

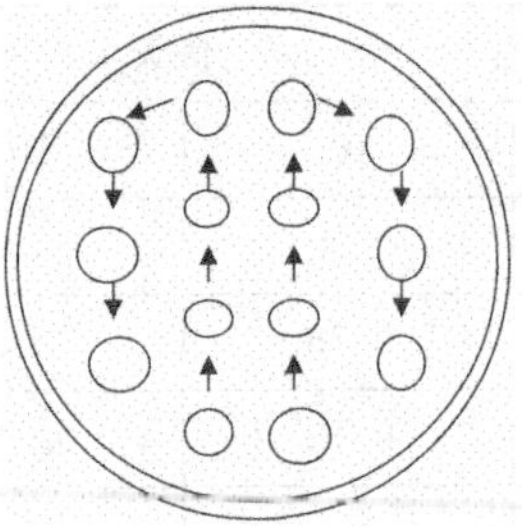

图 1

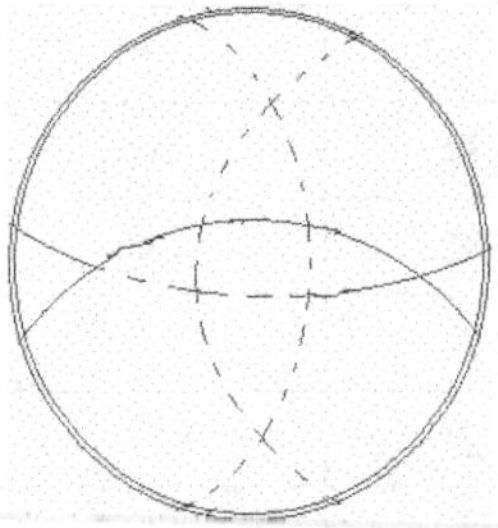

图 2

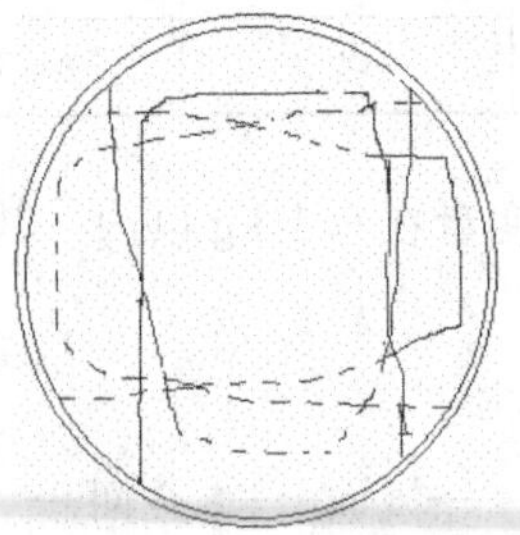

图 3

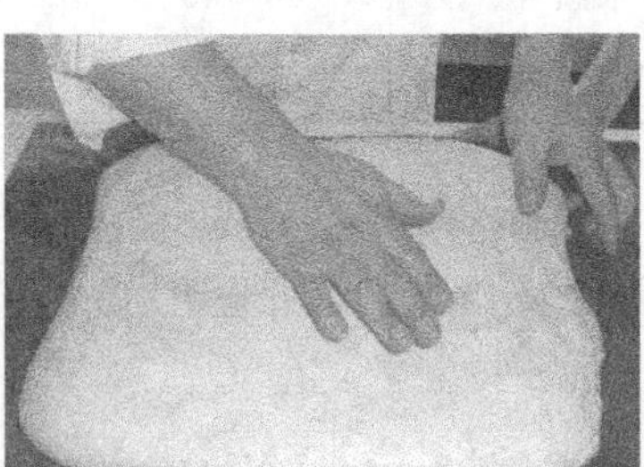

图 4

2. 成形：切一条宽10～13 cm的面团用作捋条。捋条时右手按住面的一头，左手托条，由右向左捋，右手前掌随着向左按，捋出的条宽6～7 cm、厚1～1.5 cm；剁剂，用小方刀将条剁成2～3 cm宽的小剂。将两个小剂摞在一起，用筷子或小拇指略压一下，再用两手的拇指和食指捏住剂的两头，不可太使劲，猛然抻两下，抻至40 cm左右即可撂条。

3. 熟制：当锅中的油温升至210 ℃时，方可撂条。条入锅时不宜立即松手，使其稍微定形方可松手。左手持一根筷子，负责新入锅的一根油条，当油条漂起时要马上直弯，迅速翻个，个翻得越早、越多，油条起发得越好；右手持一双筷子负责锅里其他油条的翻个、上色、出锅等。翻个时要轻而匀，轻是不使油面打浪，匀是使油条受热均匀，不出现“阴阳脸”，即一面色重、一面色浅。

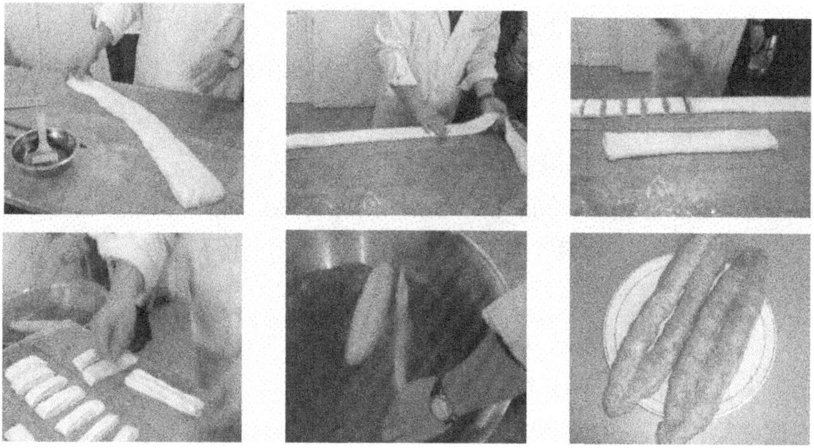

（四）风味特点

金黄色或虎皮色，外酥内软，起发好，富有面粉与油脂的香味。

（五）质量标准

每根干面粉50g，成品每根75～80g，四头平，不并条，不开条，起发好，两端无剂头，粗细均匀，金黄色或虎皮色，长33～40cm。

（六）技术要点

1. 河水杂质多，井水有盐分，如用河水或井水和面时，要适当调整添加剂的用量。

2. 面团的保温可随气温变化而变化，如冬天应盖棉被或草窝保温，夏天用油布搭盖即可。

3. 豆油遇热时，应待油内水分全部蒸发，油面上的泡沫全部消失后方可投入生坯，否则易造成油和泡沫同时溢出油锅，还会造成制品的口味不佳。

4. 炸油条时，油温不能高于230 ℃，否则油条外焦内生，油易老化产生有毒物质危害食用者；也不宜低于200 ℃，否则油条不易上色成熟而影响制品质量。

5. 油脂的燃点与发烟点的温差不太大，在炸制过程中，应控制好油温，防止起火。

6. 炸制时，油锅附近不能离开凉油，若油锅起火，不能加水等，应添加凉油，使锅内油脂降温，当油温低于燃点时火会自然熄灭。

7. 当油条碱大矾小时，制品软塌，有碱味，色黄。

8. 当油条矾大碱小时，制品起发小、发艮、发硬，有苦涩味，油条起的泡像癞蛤蟆皮，少而不匀。

9. 油条的矾碱量合适时，制品外酥里嫩，皮薄如纸，气泡长而圆润、疏密均匀，瓤子色白。

六、大片果子

（一）配方

面粉 100 g　白矾 15 g　面碱 20 g　盐 12 g　耗油 300 g
水 650～700 g

（二）工艺流程

配料→掺水→和面→搋面→饧面→做剂→开片→熟制→成品

（三）制作过程

1. 和面：将白矾、碱、盐在缸盆中捣碎，投入三分之一的水使其溶解。拌粉时盆中有 90%的水即可，加入面粉搅拌成麦穗状，再将面团撕抓均匀，随着带入余下的水分将面团搋匀搋透，双手插入面团靠缸盆边处将部分面团带起，使其自然向缸盆边摔去，造成盆底与面底之间窝住一部分气体，产生一定的气压，使面团表皮所含的游离水通过气体的压力挤入面团的内部，使面团表皮光滑。摔后折叠，如此转圈摔叠，直到面团表皮十分光滑不粘手为止。饧 10 分钟后再搋叠两遍，最后将面团的表皮刷上豆油，盖上油布，饧 1 小时左右。

2. 成形：将饧好的面团揪成 150 g 一个的面剂，揉成圆形，饧 10 分钟左右，在油案上将面剂按压成直径为 40 cm 左右的圆片，在中间划三刀。

3. 熟制：当锅中油温加热到 200 ℃时，制品生坯可入锅炸制。左手持手勾，右手拿一双筷子，当制品漂起时，马上用筷子点两下，当制品表面起泡鼓起时，马上翻个，再用筷子点两下，当制品表面充分鼓起时再翻个，使制品经三翻四炸均匀上色成熟，用手勾捞起出锅。

（四）风味特点

金黄色或虎皮色，外酥脆内柔软，起发好，具有面粉和油脂的香味。

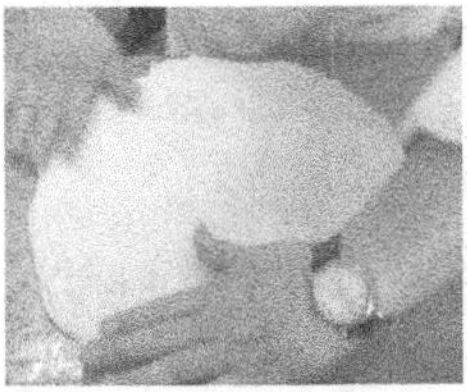 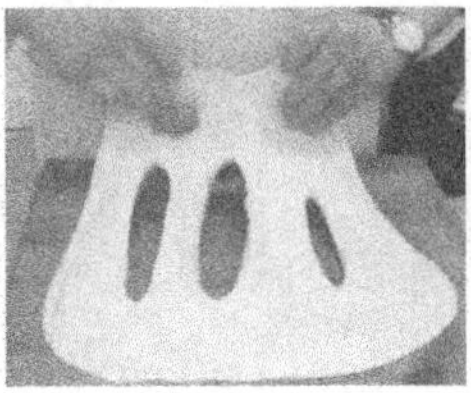 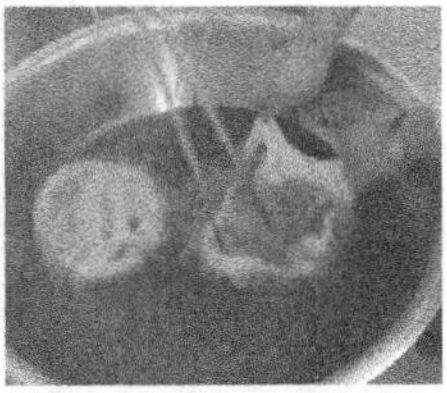

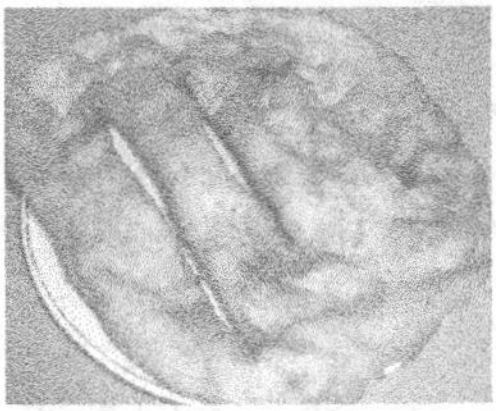

（五）质量标准

150 g 一张，直径 30～35 cm，金黄色或虎皮色，起发好，外酥脆内柔软，味香。

（六）技术要点

1. 豆油遇热时，应待油内水分全部蒸发，油面上的泡沫全部消失后方可投入生坯。

2. 炸油条时，油温不能高于 230 ℃，否则外焦内生；也不宜低于 200 ℃，否则不易上色。

3. 油脂的燃点与发烟点的温差不太大，在炸制过程中，应控制好油温，防止起火。

4. 炸制时，油锅附近不能离开凉油，若油锅起火，不能加水等，应添加凉油，使锅内油脂降温，当油温低于燃点时火会自然熄。

项目三 油酥面团

任务一 烤制品

一、糖酥饼

（一）配方

面粉 1000 g　豆油 300 g　白糖 200 g　水 200 g　熟面 100 g　熟豆油 50 g

（二）工艺流程

和面→开酥→卷筒→下剂→制皮→上馅→成形→熟制

制馅→（上馅）

（三）制作过程

1. 和面：水油酥的调制是将面粉 600 g 置于案板上，扒个塘加入豆油 100 g、水 200 g（30 ℃左右）调和均匀，揉匀、搓透。干油酥的调制是将面粉 400 g、豆油 200 g 在案板上擦匀、擦透。

2. 制馅：将白糖、熟面及熟豆油搓擦均匀，制成糖馅。

3. 开酥：将干油酥包入水油酥中，再用走锤擀成 3 mm 厚的长方形薄片，卷成圆柱形，挖成 75 g 一个的剂。

4. 成形：将剂按成中间厚、周围薄的皮，包入 15 g 的糖馅，擀成直径 10 cm 的圆饼，饼面中心点个红点。

5. 熟制：当炉温升至 210～230 ℃时，生坯入炉，烤 12～15 分钟。

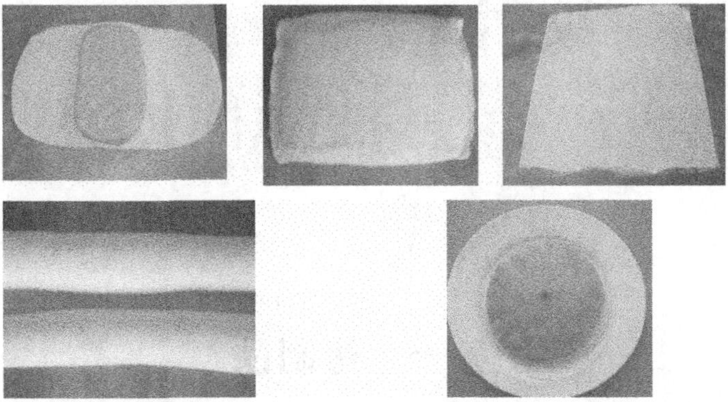

（四）风味特点

金黄色或虎皮色，层次分明，不混酥，不露馅，不塌腔，外酥里嫩，香甜。

（五）技术要点

1. 水油酥与干油酥的比例要适当。

2. 水油酥与干油酥的软硬度要一致。

3. 擀皮起酥时，两手用力轻重要适当，使酥层厚薄一致。

4. 擀皮起酥卷筒时，左右两边 5～6 cm 处擀得越薄越好，并将这两部分切掉放在上下的两个边上，再卷卷，这样可避免圆酥中心出现面骨头，使酥纹清晰均匀。

5. 擀皮起酥时，尽量少用生粉，卷圆筒时不要卷紧，避免成形时混酥。

6. 起酥后下的剂子应盖上一块干净潮湿的布，防止外表皮结壳影响成形，一般要边做边起酥。

二、砂糖酥

（一）配方

面粉 1000 g　豆油 300 g　白糖 200 g　水 200 g　熟面 100 g　熟豆油 50 g　砂糖 100 g

（二）工艺流程

和面→开酥→卷筒→下剂→制皮→上馅→成形→熟制

制馅→上馅

（三）制作过程

1. 和面：水油酥的调制是将面粉 600 g 置于案板上，扒个塘加入豆油 100 g、水 200 g（30 ℃）调和均匀，揉匀、搓透。干油酥的调制是将面粉 400 g、豆油 200 g 在案板上擦匀、擦透。

2. 制馅：将白糖、熟面及适量的熟豆油拌到一起搓擦均匀，制成糖馅。

3. 开酥：将干油酥包入水油酥中，用走锤擀成 3 mm 厚的长方形薄片，上下对卷，卷成两个直径 4 cm 粗细均匀的圆柱形，挖成 75 g一个的剂。

4. 成形：将剂按成中间厚、周围薄的皮，包入 15 g 的糖馅，擀成直径 10 cm 的圆饼，饼面在潮湿的屉布上沾一下，再沾上砂糖。

5. 熟制：当炉温升至 210 ℃时，生坯入炉，烤 12～15 分钟即熟。

（四）风味特点

表面部分砂糖微焦化，红白相间，层次分明，不混酥，不露馅，不塌腔，外酥里嫩。

（五）技术要点

1. 水油酥与干油酥的比例要适当。

2. 水油酥与干油酥的软硬度要一致。

3. 擀皮起酥时，两手用力轻重要适当，使酥层厚薄一致。

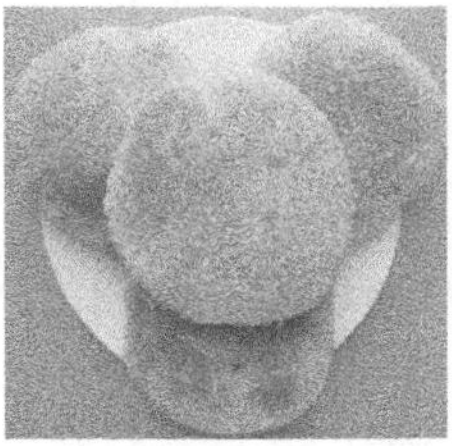

4. 擀皮起酥卷筒时，左右两边 2～3 cm 处擀得越薄越好，并将这两部分切掉放在上下的两个边上，再卷卷，这样可避免圆酥中心出现面骨头，使酥纹清晰均匀。

5. 擀皮起酥时，尽量少用生粉，卷圆筒时不要卷紧，避免成形时混酥。

6. 起酥后下的剂子应盖上一块干净潮湿的布，防止外表皮结壳影响成形，一般要边做边起酥。

三、十字酥

（一）配方

面粉 1000 g　豆油 300 g　白糖 200 g　水 200 g　熟面 100 g　熟豆油 50 g

（二）工艺流程

和面──→开酥──→卷筒──→下剂──→制皮──→上馅──→成形──→熟制

制馅──→上馅

（三）制作过程

1. 和面：水油酥的调制是将面粉 600 g 置于案板上，扒个塘加入豆油 100 g、水 200 g（30 ℃左右）调和均匀，揉匀、搓透。干油酥的调制是将面粉 400 g、豆油 200 g 在案板上擦匀、擦透。

2. 制馅：将白糖、熟面及适量的熟豆油搓擦均匀，制成糖馅。

3. 开酥：将干油酥包入水油酥中，用走锤擀成 3 mm 厚的长方形薄片，上下对卷，卷成两个直径 4 cm 粗细均匀的圆柱形，挖成 75 g一个的剂。

4. 成形：将剂按成中间厚、周围薄的皮，包入 15 g 的糖馅，擀成直径 10 cm 的圆饼，饼面刷层蛋液，用刀在饼面轻轻划一个十字，但不能露馅。

5. 熟制：当炉温升至 210～230 ℃时，生坯入炉，烤 12～15 分钟。

（四）风味特点

金黄色或虎皮色，外酥里嫩，层次分明，不混酥，不露馅，不塌腔。

（五）技术要点

1. 水油酥与干油酥的比例要适当。

2. 水油酥与干油酥的软硬度要一致。

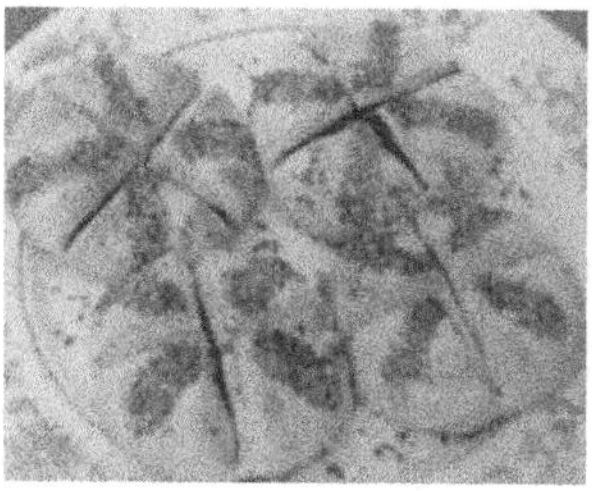

3. 擀皮起酥时，两手用力轻重要适当，使酥层厚薄一致。

4. 擀皮起酥卷筒时，左右两边 5～6 cm处擀得越薄越好，并将这两部分切掉放在上下的两个边上，再卷卷，这样可避免圆酥中心出现面骨头，使酥纹清晰均匀。

5. 擀皮起酥时，尽量少用生粉，卷圆筒时不要卷紧，避免成形时混酥。

6. 起酥后下的剂子应盖上一块干净潮湿的布，防止外表皮结壳影响成形，一般要边做边起酥。

四、双头酥

（一）配方

面粉 1000 g　豆油 300 g　白糖 200 g　水 200 g　熟面 100 g
熟豆油 50 g　砂糖 50 g　白芝麻 50 g

（二）工艺流程

和面→开酥→卷筒→下剂→制皮→上馅→成形→熟制

制馅→（上馅）

（三）制作过程

1. 和面：水油酥的调制是将面粉 600 g 置于案板上，扒个塘加入豆油 100 g、水 200 g（30 ℃）调和均匀，揉匀、搓透。干油酥的调制是将面粉 400 g、豆油 200 g 在案板上擦匀、擦透。

2. 制馅：将白糖、熟面及适量的熟豆油拌到一起搓擦均匀，制成糖馅。

3. 开酥：将干油酥包入水油酥中，再用走锤擀成 3 mm 厚的长方形薄片，上下对卷，卷成两个直径 4 cm 粗细均匀的圆柱形，挖成 75 g 一个的剂。

4. 成形：将剂按成中间厚、周围薄的皮，包入 15 g 的糖馅，擀成长 12 cm、宽 6 cm 椭圆的饼片，在饼面的两头，即饼的四分之一部分刷点水，分别沾上红色砂糖和白芝麻，中间点个红点即成。

5. 熟制：当炉温升至 210 ℃时，生坯入炉，烤 12～15 分钟即熟。

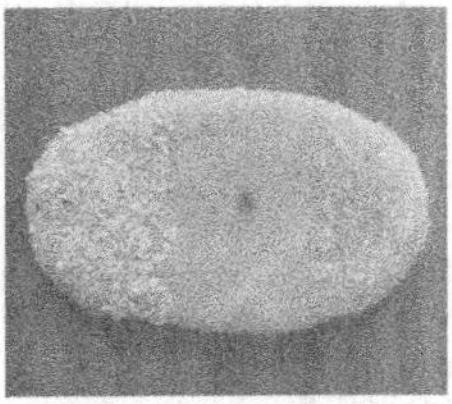

（四）风味特点

金黄色，层次分明，不混酥，不露馅，不塌腔，外酥里嫩，甘甜麻香。

（五）技术要点

1. 水油酥与干油酥的比例要适当。

2. 水油酥与干油酥的软硬度要一致。

3. 擀皮起酥时，两手用力轻重要适当，使酥层厚薄一致。

4. 擀皮起酥卷筒时，左右两边 5～6 cm 处擀得越薄越好，并将这两部分切掉放在上下的两个边上，再卷卷，这样可避免圆酥中心出现面骨头，使酥纹清晰均匀。

5. 擀皮起酥时，尽量少用生粉，卷圆筒时不要卷紧，避免成形时混酥。

6. 起酥后下的剂子应盖上一块干净潮湿的布，防止外表皮结壳影响成形，一般要边做边起酥。

五、方酥

（一）配方

面粉 1000 g　豆油 300 g　白芝麻 100 g　水 250 g　盐 10 g

（二）工艺流程

和面──→揉面──→破酥──→下剂──→成形──→熟制

（三）制作过程

1. 和面：水油酥的调制是将面粉 600 g 置于案板上，扒个塘加入豆油 100 g、水 200 g（30 ℃左右）调和均匀，揉匀、搓透。干油酥的调制是将面粉 400 g、豆油 200 g 在案板上擦匀、擦透。

2. 开酥：将干油酥包入水油酥中，再用走锤擀成 3 mm 厚的长方形薄片，撒上盐，卷成直径 5 cm 的圆柱，用挖剂的方法挖成75 g 的剂。

3. 成形：将每个剂的四边擀出 3～4 cm 宽折起，成为一个长方形的坯，表面在潮湿的屉布上沾一下，再沾一层芝麻，擀成长 15 cm、宽 7 cm 的饼片。

4. 熟制：当炉温升至 210～230 ℃时，生坯入炉，烤 12～15 分钟即成熟。

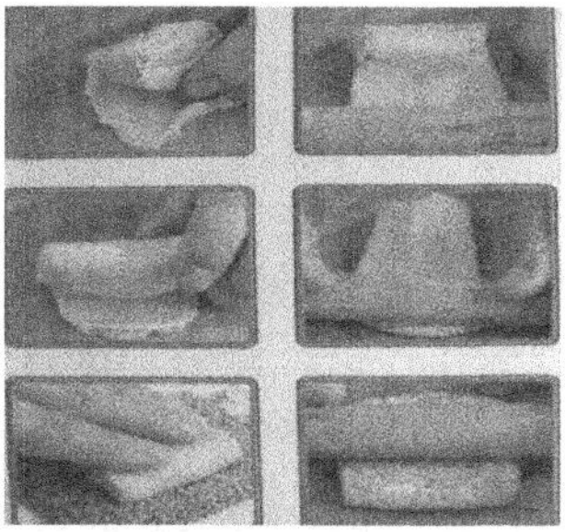

（四）风味特点

金黄色或虎皮色，层次分明，不混酥，不塌腔，外酥里嫩，咸香。

（五）技术要点

1. 水油酥与干油酥的比例要适当。

2. 水油酥与干油酥的软硬度要一致。

3. 擀皮起酥时，两手用力轻重要适当，使酥层厚薄一致。

4. 擀皮起酥卷筒时，左右两边 5～6 cm 处擀得越薄越好，并将这两部分切掉放在上下的两个边上，再卷卷，这样可避免圆酥中心出现面骨头，使酥纹清晰均匀。

5. 擀皮起酥时，尽量少用生粉，卷圆筒时不要卷紧，避免成形时混酥。

6. 起酥后下的剂子应盖上一块干净潮湿的布，防止外表皮结壳影响成形，一般要边做边起酥。

六、牛利酥（牛舌酥）

（一）配方

皮料：面粉 900 g　水 250 g　豆油 270 g　鸡蛋 50 g　铺面 40 g

馅料：熟麻仁 50 g　花椒面 5 g　精盐 5 g　熟面 60 g

白糖 200 g　熟豆油 30 g

（二）工艺流程

和面→开酥→卷筒→下剂→制皮→上馅→成形→熟制

制馅→上馅

（三）制作过程

1. 和面：水油酥的调制是将面粉 540 g 置于案板上，扒个塘加入豆油 90 g、水 250 g（水温 30 ℃）调和均匀，揉匀、搓透。干油酥的调制是将面粉 360 g、豆油 180 g 在案板上擦匀、擦透。

2. 制馅：把熟面、白糖、碎麻仁、花椒面、精盐、熟豆油混合搓成椒盐馅。

3. 开酥：将干油酥包入水油酥中，再用走锤擀成 3 mm 厚的长方形薄片，卷成直径 5 cm 的圆柱，挖成 75 g 一个的剂。

4. 成形：将剂按成中间厚、周围薄的皮，包入馅心呈椭圆形，擀成长 15 cm、宽 5 cm 的牛舌形，表面刷层鸡蛋液。

5. 熟制：当炉温升至 210～230 ℃时，生坯入炉，烤 12～15 分钟。

（四）风味特点

棕红色，层次分明，不混酥，不露馅，不塌腔，外酥里嫩，甘甜微咸，富有麻香味。

（五）技术要点

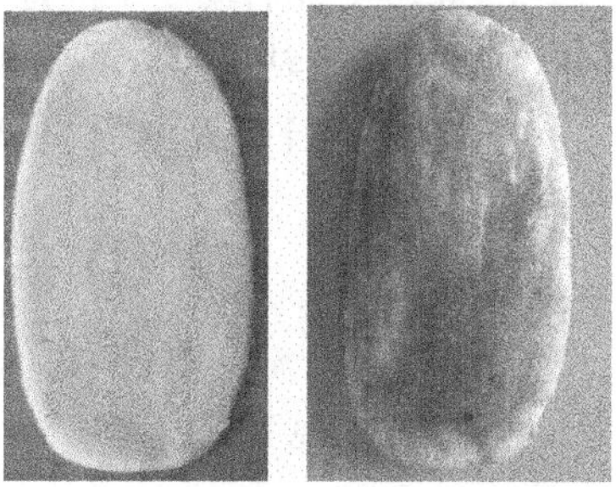

1. 水油酥与干油酥的比例要适当。

2. 水油酥与干油酥的软硬度要一致。

3. 擀皮起酥时，两手用力轻重要适当，使酥层厚薄一致。

4. 擀皮起酥卷筒时，左右两边 5～6 cm 处擀得越薄越好，并将这两部分切掉放在上下的两个边上，再卷卷，这样可避免圆酥中心出现面骨头，使酥纹清晰均匀。

5. 擀皮起酥时，尽量少用生粉，卷圆筒时不要卷紧，避免成形时混酥。

6. 起酥后下的剂子应盖上一块干净潮湿的布，防止外表皮结壳影响成形，一般要边做边起酥。

七、芝麻盖

（一）配方

面粉 900 g　嫩酵面 150 g（折成干粉 100 g）　食碱 1g　盐 10 g
豆油 300 g　水 200 g　芝麻 50 g

（二）工艺流程

和面──→开酥──→卷筒──→下剂──→成形──→熟制

（三）制作过程

1. 和面：酵面水油酥的调制是将面粉 500 g 置于案板上，中间扒个塘加入 150 g 嫩酵面、1g 食碱及 35 ℃左右的水把酵面调和均匀，最后加入 100 g 豆油，把面团揉匀、揉透。干油酥的调制是将 400 g 面粉、200 g 豆油在案板上擦匀、擦透。

2. 开酥：将干油酥包入水油酥中，再用走锤擀成 3 mm 厚的长方形薄片，卷成圆柱形，挖成 75g 的剂。

3. 成形：将剂按成中间厚、周围薄的皮，包上一块面剂，表面在潮湿的屉布上沾一下，然后沾一层芝麻，擀成直径10 cm的圆饼。

4. 熟制：当炉温升至 210～230 ℃时，生坯入炉，烤 12～15 分钟。

（四）风味特点

虎皮色，层次分明，不混酥，不塌腔，外酥里嫩，味咸麻香。

（五）技术要点

1. 水油酥与干油酥的比例要适当。

2. 水油酥与干油酥的软硬度要一致。

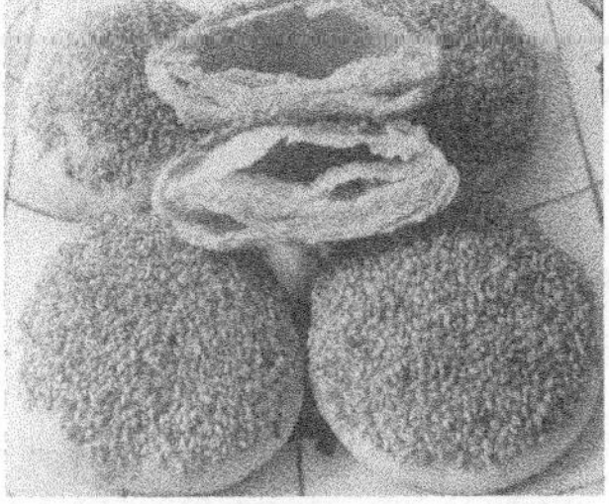

3. 擀皮起酥时，两手用力轻重要适当，使酥层厚薄一致。

4. 擀皮起酥卷筒时，左右两边 5～6 cm 处擀得越薄越好，并将这两部分切掉放在上下的两个边上，再卷卷，这样可避免圆酥中心出现面骨头，使酥纹清晰均匀。

5. 擀皮起酥时，尽量少用生粉，卷圆筒时不要卷紧，避免混酥。

6. 起酥后下的剂子应盖上一块干净潮湿的布，防止外表皮结壳影响成形，一般要边做边起酥。

八、芝麻圈酥饼

（一）配方

面粉 1000 g　豆油 300 g　白糖 200 g　水 200 g　熟面 100 g　熟豆油 50 g

（二）工艺流程

和面──→开酥──→卷筒──→下剂──→制皮──→上馅──→成形──→熟制

制馅 ──────────────────→（上馅）

（三）制作过程

1. 和面：水油酥的调制是将面粉 600 g 置于案板上，扒个塘加入豆油 100 g、水 200 g（30 ℃左右）调和均匀，揉匀、搓透。干油酥的调制是将面粉 400 g、豆油 200 g 在案板上擦匀、擦透。

2. 制馅：将白糖、熟面及适量的熟豆油搓擦均匀，制成糖馅。

3. 开酥：将干油酥包入水油酥中，再用走锤擀成 3 mm 厚的长方形薄片，卷成圆柱形，挖成 75 g 一个的剂。

4. 成形：将剂按成中间厚、周围薄的皮，包入 15 g 的糖馅，擀成直径 10 cm 的圆饼，每 4 张一摞，将饼边在潮湿的屉布上滚一圈，在芝麻上滚沾一圈，再在案板上滚一圈，将芝麻粘牢，最后在饼的中心点个红点。

5. 熟制：当炉温升至 210～230 ℃时，生坯入炉，烤 12～15 分钟。

（四）风味特点

金黄色或虎皮色，层次分明，不混酥，不露馅，不塌腔，外酥里嫩，甘甜麻香。

（五）技术要点

1. 水油酥与干油酥的比例要适当。

2. 水油酥与干油酥的软硬度要一致。

3. 擀皮起酥时，两手用力轻重要适当，使酥层厚薄一致。

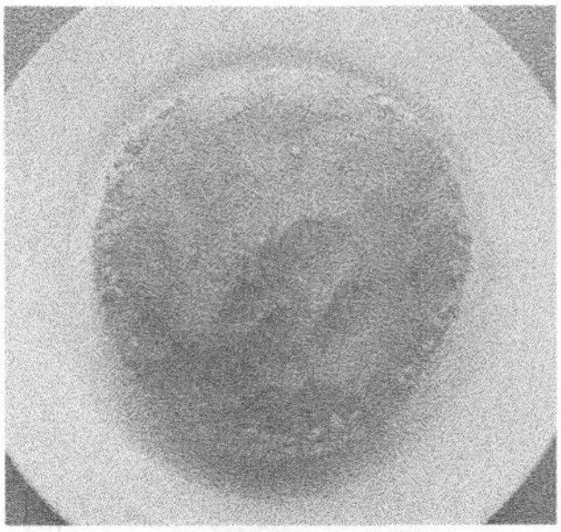

4. 擀皮起酥卷筒时，左右两边 5～6 cm 处擀得越薄越好，并将这两部分切掉放在上下的两个边上，再卷卷，这样可避免圆酥中心出现面骨头，使酥纹清晰均匀。

5. 擀皮起酥时，尽量少用生粉，卷圆筒时不要卷紧，避免混酥。

6. 起酥后下的剂子应盖上一块干净潮湿的布，防止外表皮结壳影响成形，一般要边做边起酥。

九、刀拉酥

（一）配方

面粉 1000 g　豆油 300 g　水 200 g　豆沙馅 300 g

（二）工艺流程

和面⟶开酥⟶卷筒⟶下剂⟶制皮⟶上馅⟶成形⟶熟制

（三）制作过程

1. 和面：水油酥的调制是将面粉 600 g 置于案板上，扒个塘加入豆油 100 g、水 200 g（水温 30 ℃）调和均匀，揉匀、搓透。干油酥的调制是将面粉 400 g、豆油 200 g 在案板上擦匀、擦透。

2. 开酥：将干油酥包入水油酥中，再用走锤擀成 3 mm 厚的长方形薄片，卷成圆柱形，挖成 75g 一个的剂。

3. 成形：将剂按成中间略厚、周围略薄的皮，包入 15g 的豆沙馅，呈球形，按扁，拉制。刀拉酥的刀口，要求宽窄一致，深浅一致，条条均匀，细而不乱，十三刀以上，刀口的深度以露馅为准。用手按压饼的中间，使馅心均匀地显露，饼片按成直径 9 cm 的圆形坯，表面刷层鸡蛋液。

4. 熟制：当炉温升至 210～230 ℃时，生坯入炉，烤 15 分钟左右。

 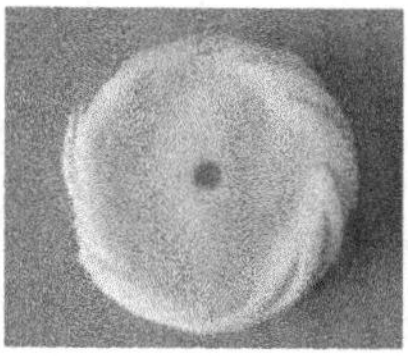 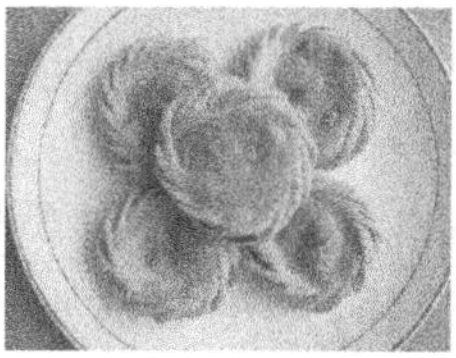

（四）风味特点

金黄色或虎皮色，层次分明，不混酥，不塌腔，微露馅，外酥里嫩，刀工均匀、美观，馅心细腻、清香、甘甜。

（五）技术要点

1. 水油酥与干油酥的比例要适当。

2. 水油酥与干油酥的软硬度要一致。

3. 擀皮起酥时，两手用力轻重要适当，使酥层厚薄一致。

4. 擀皮起酥卷筒时，左右两边 5～6 cm 处擀得越薄越好，并将这两部分切掉放在上下的两个边上，再卷卷，这样可避免圆酥中心出现面骨头，使酥纹清晰均匀。

5. 擀皮起酥时，尽量少用生粉，卷圆筒时不要卷紧，避免混酥。

6. 起酥后下的剂子应盖上一块干净潮湿的布，防止外表皮结壳影响成形，一般要边做边起酥。

7. 包馅要正，右手持刀，用力要匀，有节奏。

8. 表面刷层蛋液，蛋液不可刷到刀口上，否则影响刀口拔酥。

十、四喜酥

（一）配方

面粉 1000 g　豆油 300 g　水 200 g　豆沙馅 300 g

（二）工艺流程

和面→开酥→卷筒→下剂→制皮→上馅→成形→熟制

（三）制作过程

1. 和面：水油酥的调制是将面粉 600 g 置于案板上，扒个塘加入豆油 100 g、水 200 g（水温 30 ℃）调和均匀，揉匀、搓透。干油酥的调制是将面粉 400 g、豆油 200 g 在案板上擦匀、擦透。

2. 开酥：将干油酥包入水油酥中，再用走锤擀成 3 mm 厚的长方形薄片，卷成圆柱形，挖成 75 g 一个的剂。

3. 成形：将剂按成中间厚、周围薄的皮，包入 15 g 的豆沙馅，按成直径 10 cm 的圆饼，在饼面上割四条弦，刀深占饼厚的三分之一，露馅为度。四条弦所对的弧占圆周的五分之一，四弦不相交且两两平行，在饼面印上绿梗，点上红色花点。

4. 熟制：当炉温升至 210 ℃时，生坯入炉，烤 15 分钟左右。

（四）风味特点

金黄色，形态美观，层次分明，不混酥，不塌腔，微露馅，外酥里嫩，馅心细腻、清香、甘甜。

（五）技术要点

1. 水油酥与干油酥的比例要适当。

2. 水油酥与干油酥的软硬度要一致。

3. 擀皮起酥时，两手用力轻重要适当，使酥层厚薄一致。

4. 擀皮起酥卷筒时，左右两边 5～6 cm处擀得越薄越好，并将这两部分切掉放在上下的两个边上，再卷卷，这样可避免圆酥中心出现面骨头，使酥纹清晰均匀。

5. 擀皮起酥时，尽量少用生粉，卷圆筒时不要卷紧，避免成形时混酥。

6. 起酥后下的剂子应盖上一块干净潮湿的布，防止外表皮结壳影响成形，一般要边做边起酥。

7. 包馅时，馅心要正。

8. 成形时，割弦的刀深占饼厚的三分之一，露馅为度，每条弦所对的弧占圆周的五分之一，四条弦不相交且两两平行。

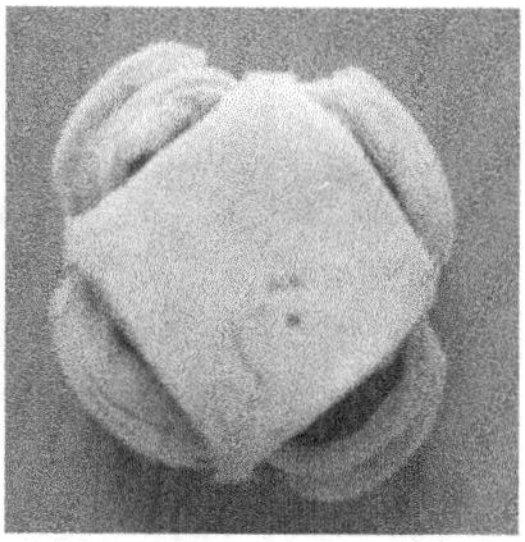 

十一、鸭子酥

(一) 配方

面粉 1000 g 豆油 300 g 水 200 g 豆沙馅 300 g 鸡蛋 1 个

(二) 工艺流程

和面⟶开酥⟶卷筒⟶下剂⟶制皮⟶上馅⟶成形⟶熟制

(三) 制作过程

1. 和面：水油酥的调制是将面粉 600 g 置于案板上，扒个塘加入豆油 100 g、水 200 g（水温 30 ℃）调和均匀，揉匀、搓透。干油酥的调制是将面粉 400 g、豆油 200 g 在案板上擦匀、擦透。

2. 开酥：将干油酥包入水油酥中，再用走锤擀成 3 mm 厚的长方形薄片，卷成圆柱形，挖成 75 g 一个的剂。

3. 成形：将剂按成中间厚、周围薄的皮，包入 15 g 的豆沙馅，呈球形按扁，按成直径 9 cm 的圆形坯，在饼面上切两刀，头部的刀长为 2.5 cm，尾部的刀长为 5.5 cm，二者是一对平行线，它们与其平行的直径垂直距离分别是头部 1 cm、尾部 0.5 cm，再由上半部分捏合出鸭头，下半部是鸭身，并捏出鸭尾，用刀推出两个鸭脚。在鸭身上用绿色素印上鸭翅，并刷一层蛋液，头部刷层蛋黄，用红色素点上眼睛。

4. 熟制：当炉温升至 210～230 ℃时，生坯入炉，烤 15 分钟左右。

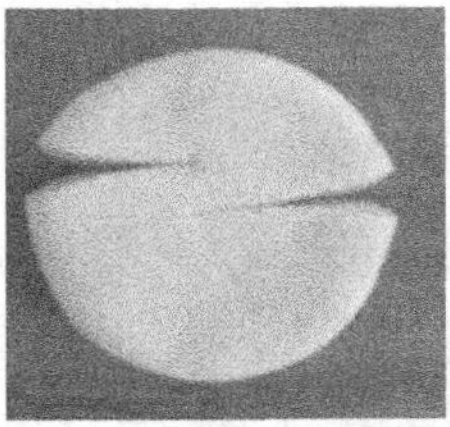 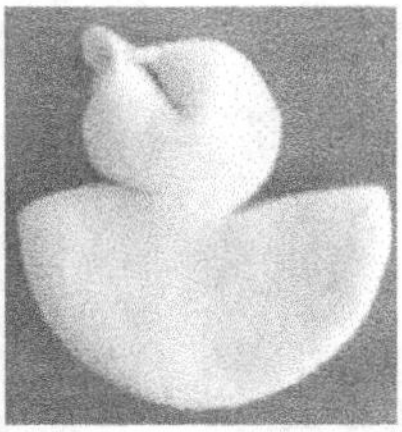 

（四）风味特点

金黄色，鸭形，层次分明，不混酥，不塌腔，微露馅，外酥里嫩，馅心细腻、清香、甘甜。

（五）技术要点

1. 水油酥与干油酥的比例要适当。

2. 水油酥与干油酥的软硬度要一致。

3. 擀皮起酥时，两手用力轻重要适当，使酥层厚薄一致。

4. 擀皮起酥卷筒时，左右两边5～6 cm处擀得越薄越好，并将这两部分切掉放在上下的两个边上，再卷卷，这样可避免圆酥中心出现面骨头，使酥纹清晰均匀。

5. 擀皮起酥时，尽量少用生粉，卷圆筒时不要卷紧，避免成形时混酥。

6. 起酥后下的剂子应盖上一块干净潮湿的布，防止外表皮结壳影响成形，一般要边做边起酥。

7. 包馅时，馅心要正。

8. 成形改刀时，下刀的部位要掌握好比例。

9. 头部捏合时鸭嘴部分要抹点水，易于粘连。

10. 表面刷时蛋液，蛋液不可刷到刀口上。

十二、三刀酥

（一）配方

面粉 1000 g　豆油 300 g　水 200 g　豆沙馅 300 g　鸡蛋 1 个

（二）工艺流程

和面──→开酥──→卷筒──→下剂──→制皮──→上馅──→成形──→熟制

（三）制作过程

1. 和面：水油酥的调制是将面粉 600 g 置于案板上，扒个塘加入豆油 100 g、水 200 g（水温 30 ℃）调和均匀，揉匀、搓透。干油酥的调制是将面粉 400 g、豆油 200 g 在案板上擦匀、擦透。

2. 开酥：将干油酥包入水油酥中，再用走锤擀成 3 mm 厚的长方形薄片，卷成圆柱形，挖成 75 g 一个的剂。

3. 成形：将剂按成中间厚、周围薄的皮，包入 15 g 的豆沙馅，呈球形按扁，在饼的边上拉三刀露出馅心，按压成直径 8 cm 的饼片，表面刷层蛋液。

4. 熟制：当炉温升至 210 ℃时，生坯入炉，烤 15 分钟左右。

（四）风味特点

金黄色或虎皮色，层次分明，不混酥，不塌腔，微露馅，外酥里嫩，馅心细腻、清香、甘甜。

（五）技术要点

1. 水油酥与干油酥的比例要适当。

2. 水油酥与干油酥的软硬度要一致。

3. 擀皮起酥时，两手用力轻重要适当，使酥层厚薄一致。

4. 擀皮起酥卷筒时，左右两边 5～6 cm处擀得越薄越好，并将这两部分切掉放在上下的两个边上，再卷卷，这样可避免圆酥中心出现面骨头，使酥纹清晰均匀。

5. 擀皮起酥时，尽量少用生粉，卷圆筒时不要卷紧，避免成形时混酥。

6. 起酥后下的剂子应盖上一块干净潮湿的布，防止外表皮结壳影响成形，一般要边做边起酥。

7. 包馅时，馅心要正。

8. 表面刷蛋液时，蛋液不可刷到刀口上。

十三、乌龙酥

（一）配方

面粉 250 g　熟面粉 250 g　水 100 g　豆沙馅 300 g　猪油 180 g

（二）工艺流程

和面→开酥→卷筒→下剂→制皮→上馅→成形→熟制

（三）制作过程

1. 和面：水油酥的调制是取面粉 250 g、猪油 50 g、30 ℃的水 100 g 在案板上调和均匀，揉匀、搓透。干油酥的调制是将熟面粉 250 g、猪油 130 g 在案板上擦匀、擦透。

2. 开酥：将干油酥包入水油酥中，再用走锤擀成 0.2 cm 厚的长方形薄片，由下至上卷成圆柱形长条，揪成重约 25 g 一个的剂。

3. 上馅：将剂按成中间厚、周围薄的圆皮，包入重约 10 g 的馅心，收严剂口呈圆形。

4. 成形：将包好的坯搓成条，擀成长 10 cm、宽 4.5 cm、厚 0.5 cm 的长条，改刀，头部的弧与弦最远点的距离为 1.5 cm，约拉 20 刀，刀距为 0.5 cm，刀刃与边的角度约 45°，刀口深以露馅为度。造形，两手的中指垫在没有刀纹的一面，向上挑起，同时拇指与食指沿着中指两侧向下窝，然后撤出中指，继续窝靠，立起，再将尾弯向头部，头要突出尾 1.5～2 cm，用牙签沾红色素在头上点上两只眼睛即成。

5. 熟制：将生坯放入 150～160 ℃的烤炉中烤 12 分钟左右，饼身鼓起、墙挺、色白即熟。

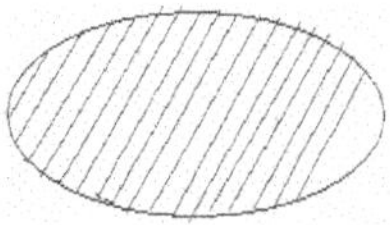

（四）风味特点

色泽洁白，层次分明，不混酥，微露馅，外酥里嫩，刀纹要求宽窄一致、深浅一致、条条均匀、细而不乱，馅心细腻、清香、甘甜。

（五）技术要点

1. 水油酥与干油酥的比例要适当。

2. 水油酥与干油酥的软硬度要一致。

3. 擀皮起酥时，两手用力轻重要适当，使酥层厚薄一致。

4. 擀皮起酥卷筒时，左右两边 1～2 cm 处擀得越薄越好，并将这两部分切掉放在上下的两个边上，再卷卷，这样可避免圆酥中心出现面骨头，使酥纹清晰均匀。

5. 擀皮起酥时，尽量少用生粉，卷圆筒时不要卷紧，避免成形时混酥。

6. 起酥后下的剂子应盖上一块干净潮湿的布，防止外表皮结壳影响成形，一般要边做边起酥。

7. 包馅时，馅心要正。

十四、四角酥

（一）配方

面粉 250 g　熟面粉 250 g　水 100 g　豆沙馅 300 g　猪油 180 g

（二）工艺流程

和面⟶开酥⟶卷筒⟶下剂⟶制皮⟶上馅⟶成形⟶熟制

（三）制作过程

1. 和面：水油酥的调制是取面粉 250 g、猪油 50 g、30 ℃的水 100 g 在案板上调和均匀，揉匀、搓透。干油酥的调制是将熟面粉 250 g、猪油 130 g 在案板上擦匀、擦透。

2. 开酥：将干油酥包入水油酥中，再用走锤擀成 0.2 cm 厚的长方形薄片，由下至上卷成圆柱形长条，揪成重约 25 g 一个的剂。

3. 上馅：将剂按成中间厚、周围薄的圆皮，包入重约 10 g 的馅心，收严剂口呈圆形。

4. 成形：将包好的坯子按扁，面朝上，用刀侧面按成直径约 5 cm 的圆饼，并将圆周四等分，通过直径切四刀，每刀长1.5 cm，然后将每部分的弧用拇指与食指捏合成一个角，中心部分用中指按压出一个窝，放入红砂糖即成。

5. 熟制：将生坯放入 150～160 ℃的烤炉中烤 12～15 分钟，饼身鼓起、墙挺、色白即熟。

（四）风味特点

色泽洁白，层次分明，不混酥，不塌腔，微露馅，外酥里嫩，馅心细腻、清香、甘甜。

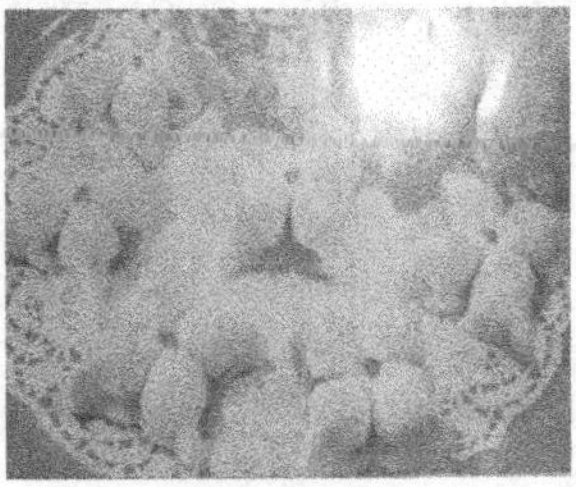

（五）技术要点

1. 水油酥与干油酥的比例要适当。

2. 水油酥与干油酥的软硬度要一致。

3. 擀皮起酥时，两手用力轻重要适当，使酥层厚薄一致。

4. 擀皮起酥卷筒时，左右两边1～2 cm 处擀得越薄越好，并将这两部分切掉放在上下的两个边上，再卷卷，这样可避免圆酥中心出现面骨头，使酥纹清晰均匀。

5. 擀皮起酥时，尽量少用生粉，卷圆筒时不要卷紧，避免成形时混酥。

6. 起酥后下的剂子应盖上一块干净潮湿的布，防止外表皮结壳影响成形，一般要边做边起酥。

7. 包馅时，馅心要正。

8. 分瓣时，刀刃要快，刀尖要直，下刀要快，分瓣要匀。

十五、佛手酥

（一）配方

面粉 250 g　熟面粉 250 g　水 100 g　豆沙馅 300 g　猪油 180 g

（二）工艺流程

和面⟶开酥⟶卷筒⟶下剂⟶制皮⟶上馅⟶成形⟶熟制

（三）制作过程

1. 和面：水油酥的调制是取面粉 250 g、猪油 50 g、30 ℃的水 100 g 在案板上调和均匀，揉匀、搓透。干油酥的调制是将熟面粉 250 g、猪油 130 g 在案板上擦匀、擦透。

2. 开酥：将干油酥包入水油酥中，再用走锤擀成 0.2 cm 厚的长方形薄片，由下至上卷成圆柱形长条，揪成重约 25 g 一个的剂。

3. 上馅：将剂按成中间厚、周围薄的圆皮，包入重约 10 g 的馅心，收严剂口呈圆形。

4. 成形：将包好的坯子一侧按成斜坡形，坡底厚 0.2 cm，坡顶厚 1～1.5 cm，坡顶有 1.5 cm 部分不按，斜坡部分均匀地分切 12 刀左右，坡上面留有 2 cm 的部分。左手按住坡上的两侧，右手中指将中间的 7～9 条向下窝进 1～1.5 cm，再用中指垫在条的底下，左右手拇指与食指把两侧向下窝，同时撤出中指，将两边捏合至底；左手轻担坡顶两侧，右手持刀，用刀前端顺条方向在条的中间顶一下，使条整体上仰；在坡顶垂直于条方向横拉两刀，刀距 0.5 cm，离根边 1 cm，再在根边的中间用刀顶一下，牙签沾红色素，在两刀之间的小条上点两个点即成。

5. 熟制：将生坯放入 150～160 ℃的烤炉中烤 12～15 分钟，饼身鼓起、墙挺、色白即熟。

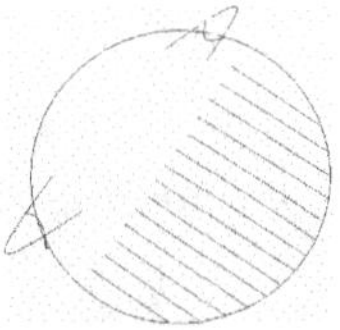
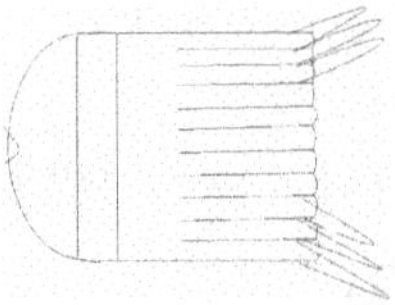

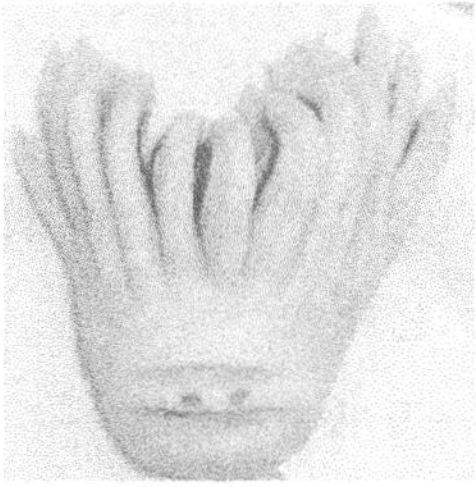

（四）风味特点

色泽洁白，层次分明，不混酥，微露馅，外酥里嫩，刀纹要求宽窄一致、条条均匀、细而不乱，馅心细腻、清香、甘甜。

（五）技术要点

1. 水油酥与干油酥的比例要适当。

2. 水油酥与干油酥的软硬度要一致。

3. 擀皮起酥时，两手用力轻重要适当，使酥层厚薄一致。

4. 擀皮起酥卷筒时，左右两边 1～2 cm 处擀得越薄越好，并将这两部分切掉放在上下的两个边上，再卷卷，这样可避免圆酥中心出现面骨头，使酥纹清晰均匀。

5. 擀皮起酥时，尽量少用生粉，卷圆筒时不要卷紧，避免成形时混酥。

6. 起酥后下的剂子应盖上一块干净潮湿的布，防止外表皮结壳影响成形，一般要边做边起酥。

7. 包馅时，馅心要正。

8. 斜坡改刀时，刀刃要快，刀尖要直，下刀要快，条条均匀，细而不乱。

十六、鸡雏酥

（一）配方

面粉 250 g　熟面粉 250 g　水 100 g　豆沙馅 300 g　猪油 180 g

（二）工艺流程

和面⟶开酥⟶卷筒⟶下剂⟶制皮⟶上馅⟶成形⟶熟制

（三）制作过程

1. 和面：水油酥的调制是取面粉 250 g、猪油 50 g、30 ℃的水 100 g在案板上调和均匀，揉匀、搓透。干油酥的调制是将熟面粉 250 g、猪油 130 g 在案板上擦匀、擦透。

2. 开酥：将干油酥包入水油酥中，再用走锤擀成 0.2 cm 厚的长方形薄片，由下至上卷成圆柱形长条，揪成重约 25 g 一个的剂。

3. 上馅：将剂按成中间厚、周围薄的圆皮，包入重约 10 g 的馅心，收严剂口呈圆形。

4. 成形：将包好的坯子按扁面朝上，用刀侧面按成直径约5 cm 的圆饼，将饼的圆周四等分，通过直径切四刀，每刀刀口长 1.5 cm，将相对两部分的弧用拇指和食指捏合成两个鸡头，剩余两部分，用木梳在弧边处压出 1 cm 长的纹，身上刷层蛋黄，头部用牙签沾红色素点上眼睛即成。

5. 熟制：将生坯放入 150～160 ℃的烤炉中烤 12 分钟左右，饼身鼓起、墙挺、色白即熟。

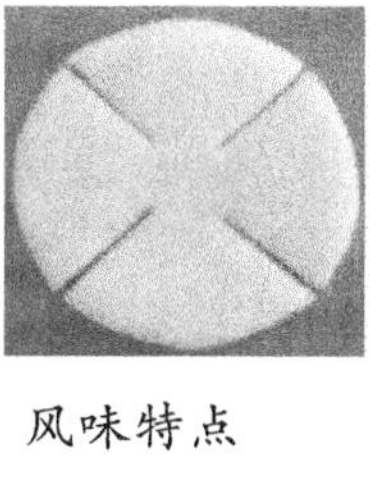  

（四）风味特点

蛋黄色，层次分明，不混酥，微露馅，外酥里嫩，羽翼纹路均匀，馅心细腻、清香、甘甜，形态美观。

（五）技术要点

1. 水油酥与干油酥的比例要适当。

2. 水油酥与干油酥的软硬度要一致。

3. 擀皮起酥时，两手用力轻重要适当，使酥层厚薄一致。

4. 擀皮起酥卷筒时，左右两边 1～2 cm 处擀得越薄越好，并将这两部分切掉放在上下的两个边上，再卷卷，这样可避免圆酥中心出现面骨头，使酥纹清晰均匀。

5. 擀皮起酥时，尽量少用生粉，卷圆筒时不要卷紧，避免成形时混酥。

6. 起酥后下的剂子应盖上一块干净潮湿的布，防止外表皮结壳影响成形，一般要边做边起酥。

7. 包馅时，馅心要正。

8. 成形改刀时，下刀的部位要掌握好尺度。

9. 头部捏合时鸡嘴部分要抹点水，易于粘连。

10. 表面刷时蛋液，蛋液不可刷到刀口上。

十七、蛤蟆酥

（一）配方

面粉 250 g　熟面粉 250 g　水 100 g　豆沙馅 300 g　猪油 180 g

（二）工艺流程

和面⟶开酥⟶卷筒⟶下剂⟶制皮⟶上馅⟶成形⟶熟制

（三）制作过程

1. 和面：水油酥的调制是取面粉 250 g、猪油 50 g、30 ℃的水 100 g 在案板上调和均匀，揉匀、搓透。干油酥的调制是将熟面粉 250 g、猪油 130 g 在案板上擦匀、擦透。

2. 开酥：将干油酥包入水油酥中，再用走锤擀成 0.2 cm 厚的长方形薄片，由下至上卷成圆柱形长条，揪成重约 25 g 一个的剂。

3. 上馅：将剂按成中间厚、周围薄的圆皮，包入重约 10 g 的馅心，收严剂口呈圆形。

4. 成形：将包好的坯子面朝上按成直径 4 cm 的饼片，用刀在饼墙的中间拉一刀，刀面平行于饼面，刀深 1 cm，露馅，再用左手的拇指与食指捏住刀口的两边，右手手肚将饼其余部分按成斜面，使蛤蟆嘴张开。在蛤蟆身体的两侧，离嘴 2 cm 的弦的交点上，各拉一刀，刀口长 1.5 cm，刀刃与弦的夹角为 60°左右，尾部用刀顶一下，头部用牙签沾红色素点上两只眼睛即成。

5. 熟制：将生坯放入 150～160 ℃的烤炉中烤 12～15 分钟，饼身鼓起、墙挺、色白即熟。

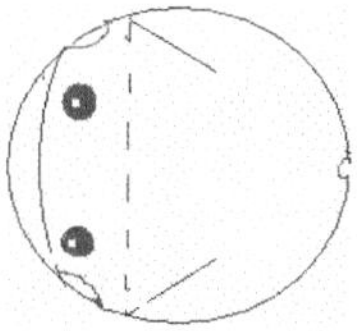
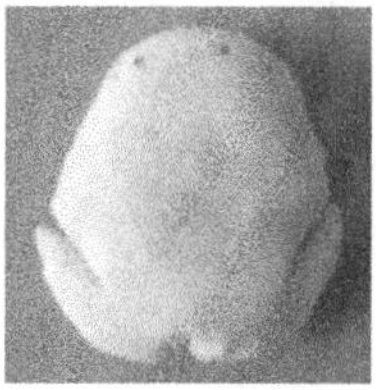
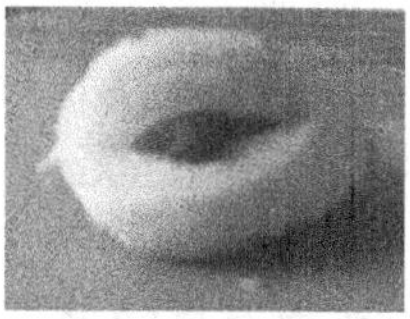

（四）风味特点

蛤蟆形，色洁白，层次分明，不混酥，不塌腔，微露馅，外酥里嫩，馅心细腻、清香、甘甜。

（五）技术要点

1. 水油酥与干油酥的比例要适当。

2. 水油酥与干油酥的软硬度要一致。

3. 擀皮起酥时，两手用力轻重要适当，使酥层厚薄一致。

4. 擀皮起酥卷筒时，左右两边 1～2 cm 处擀得越薄越好，并将这两部分切掉放在上下的两个边上，再卷卷，这样可避免圆酥中心出现面骨头，使酥纹清晰均匀。

5. 擀皮起酥时，尽量少用生粉，卷圆筒时不要卷紧，避免成形时混酥。

6. 起酥后下的剂子应盖上一块干净潮湿的布，防止外表皮结壳影响成形，一般要边做边起酥。

7. 包馅时，馅心要正。

十八、虎蹄酥

（一）配方

面粉 250 g　熟面粉 250 g　水 100 g　豆沙馅 300 g　猪油 180 g

（二）工艺流程

和面⟶开酥⟶卷筒⟶下剂⟶制皮⟶上馅⟶成形⟶熟制

（三）制作过程

1. 和面：水油酥的调制是取面粉 250 g、猪油 50 g、30 ℃的水 100 g 在案板上调和均匀，揉匀、搓透。干油酥的调制是将熟面粉 250 g、猪油 130 g 在案板上擦匀、擦透。

2. 开酥：将干油酥包入水油酥中，再用走锤擀成 0.2 cm 厚的长方形薄片，由下至上卷成圆柱形长条，揪成重约 25 g 一个的剂。

3. 上馅：将剂按成中间厚、周围薄的圆皮，包入重约 10 g 的馅心，收严剂口呈圆形。

4. 成形：将包好的坯面朝上，用刀侧面按成直径约 5 cm 的圆饼。如图所示，*CE* 是直径，*AB* 弦到 *C* 点的距离为 1.5 cm，在 *AB* 弦上的 *A*、*B* 两点各切一刀，刀口长 1.5 cm，同时在圆的 *D*、*E*、*F* 各点也切一刀，刀口长 1.5 cm，刀刃在半径上指向圆心。再将弧 *DA* 由 *D* 向 *A* 顺时针旋转 90°，剖面朝上，同样弧 *ED*、弧 *FE* 也顺时针旋转 90°，而弧 *FB* 则逆时针旋转 90°，即成虎蹄，蹄中心刷蛋黄，粘上果脯或樱桃即成。

5. 熟制：将生坯放入 150～160 ℃的烤炉中烤 12～15 分钟，饼身鼓起、墙挺、色白即熟。

（四）风味特点

色泽洁白，层次分明，不混酥，不塌腔，露馅，外酥里嫩，馅心细腻、清香、甘甜。

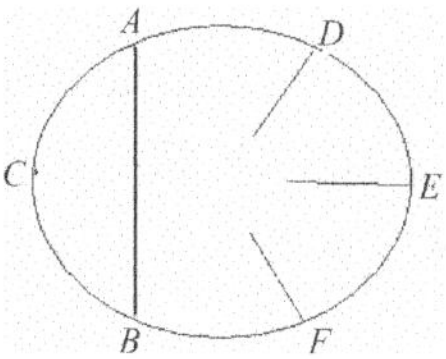

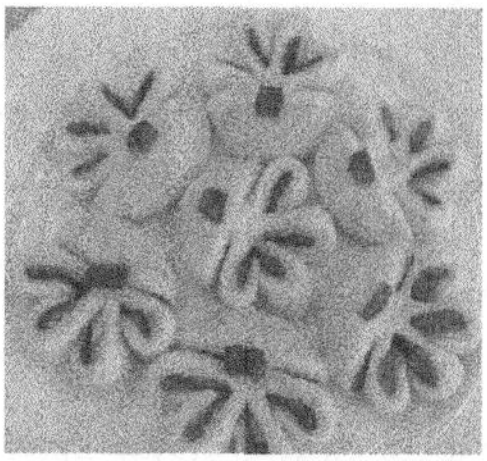

（五）技术要点

1. 水油酥与干油酥的比例要适当。

2. 水油酥与干油酥的软硬度要一致。

3. 擀皮起酥时，两手用力轻重要适当，使酥层厚薄一致。

4. 擀皮起酥卷筒时，左右两边 1～2 cm 处擀得越薄越好，并将这两部分切掉放在上下的两个边上，再卷卷，这样可避免圆酥中心出现面骨头，使酥纹清晰均匀。

5. 擀皮起酥时，尽量少用生粉，卷圆筒时不要卷紧，避免成形时混酥。

6. 起酥后下的剂子应盖上一块干净潮湿的布，防止外表皮结壳影响成形，一般要边做边起酥。

7. 包馅时，馅心要正。

8. 改刀时，刀刃要快，刀尖要直，下刀要快。

9. 表面刷蛋液时，蛋液不可刷到刀口上。

十九、杂瓣酥

（一）配方

面粉 250 g　熟面粉 250 g　水 100 g　豆沙馅 300 g　猪油 180 g

（二）工艺流程

和面⟶开酥⟶卷筒⟶下剂⟶制皮⟶上馅⟶成形⟶熟制

（三）制作过程

1. 和面：水油酥的调制是取面粉 250 g、猪油 50 g、30 ℃的水 100 g 在案板上调和均匀，揉匀、搓透。干油酥的调制是将熟面粉

250 g、猪油 130 g 在案板上擦匀、擦透。

2. 开酥：将干油酥包入水油酥中，再用走锤擀成 0.2 cm 厚的长方形薄片，由下至上卷成圆柱形长条，揪成重约 25 g 一个的剂。

3. 上馅：将剂按成中间厚、周围薄的圆皮，包入重约 10 g 的馅心，收严剂口呈圆形。

4. 成形：将包好的坯子按扁面朝上，用刀侧面按成直径 5 cm 的圆饼，在饼的表面拉出一个十字，露馅为度，并用片刀刀背在每个四分之一圆弧的中点过半径上压一下，接近圆心的部分不压，并且压的深度是越到中间越轻，最后表面刷层蛋黄即成。

5. 熟制：将生坯放入 150～160 ℃的烤炉中烤 12～15 分钟，饼身鼓起、墙挺、色白即熟。

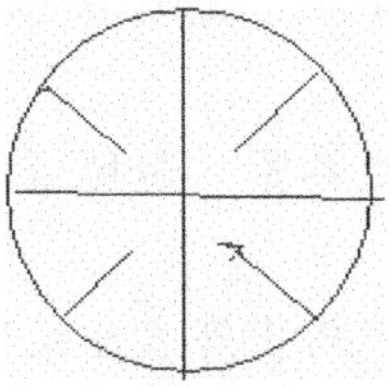

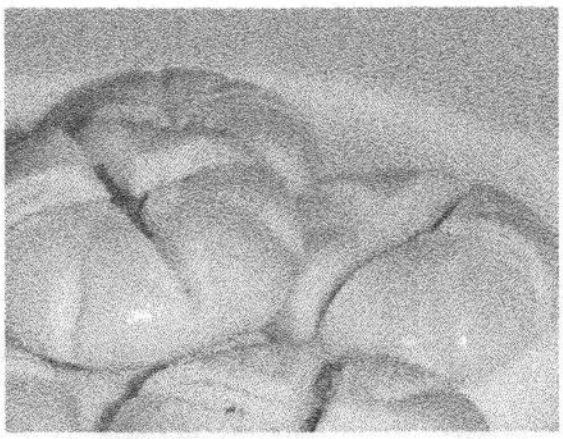

（四）风味特点

淡黄色，层次分明，不混酥，拔起酥，微露馅，外酥里嫩，馅心细腻、清香、甘甜。

（五）技术要点

1. 水油酥与干油酥的比例要适当。

2. 水油酥与干油酥的软硬度要一致。

3. 擀皮起酥时，两手用力轻重要适当，使酥层厚薄一致。

4. 擀皮起酥卷筒时，左右两边 1～2 cm处擀得越薄越好，并将这两部分切掉放在上下的两个边上，再卷卷，这样可避免圆酥中心出现面骨头，使酥纹清晰均匀。

5. 擀皮起酥时，尽量少用生粉，卷圆筒时不要卷紧，避免成形时混酥。

6. 起酥后下的剂子应盖上一块干净潮湿的布，防止外表皮结壳影响成形，一般要边做边起酥。

7. 包馅时，馅心要正。

8. 改刀时，刀刃要快，露馅为度。

9. 表面刷蛋液时，蛋液不可刷到刀口上，否则酥层拔不起来。

二十、崴虎酥

（一）配方

面粉 250 g　熟面粉 250 g　水 100 g　豆沙馅 300 g　猪油 180 g

（二）工艺流程

和面──→开酥──→卷筒──→下剂──→制皮──→上馅──→成形──→熟制

（三）制作过程

1. 和面：水油酥的调制是取面粉 250 g、猪油 50 g、30 ℃的水 100 g 在案板上调和均匀，揉匀、搓透。干油酥的调制是将熟面粉 250 g、猪油 130 g 在案板上擦匀、擦透。

2. 开酥：将干油酥包入水油酥中，再用走锤擀成 0.2 cm 厚的长方形薄片，由下至上卷成圆柱形长条，揪成重约 25 g 一个的剂。

3. 上馅：将剂按成中间厚、周围薄的圆皮，包入重约 10 g 的馅心，收严剂口呈圆形。

4. 成形：将包好的坯搓成长 6 cm 的条，收口处朝下，按成 1.5 cm厚的坯，在坯的两头各拉一个虎嘴，刀口深 1 cm，在虎背上按一个长 2 cm、宽 1 cm 的窝，放上红砂糖，用牙签沾红色素，在两个虎头上各点两只眼睛即成。

5. 熟制：将生坯放入 150～160 ℃的烤炉中烤 12～15 分钟，饼身鼓起、墙挺、色白即熟。

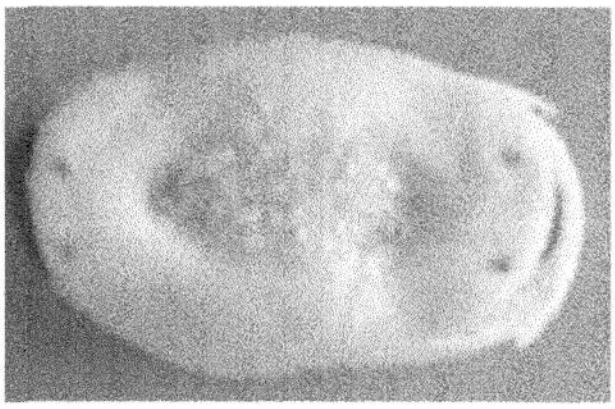

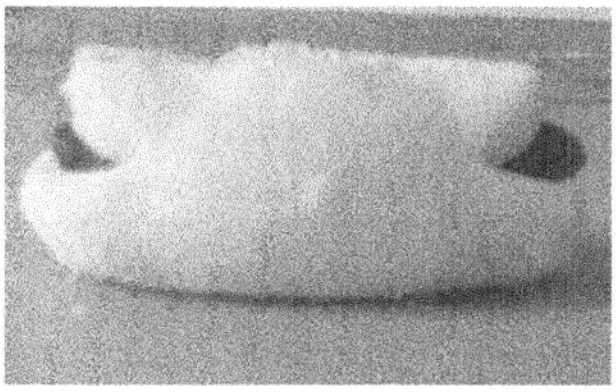

（四）风味特点

色泽洁白，层次分明，不混酥，不塌腔，微露馅，似双虎头，口感酥松，细腻香甜。

（五）技术要点

1. 水油酥与干油酥的比例要适当。

2. 水油酥与干油酥的软硬度要一致。

3. 擀皮起酥时，两手用力轻重要适当，使酥层厚薄一致。

4. 擀皮起酥卷筒时，左右两边 1～2 cm 处擀得越薄越好，并将这两部分切掉放在上下的两个边上，再卷卷，这样可避免圆酥中心出现面骨头，使酥纹清晰均匀。

5. 擀皮起酥时，尽量少用生粉，卷圆筒时不要卷紧，避免成形时混酥。

6. 起酥后下的剂子应盖上一块干净潮湿的布，防止外表皮结壳影响成形，一般要边做边起酥。

7. 包馅时，馅心要正。

二十一、菊花酥

（一）配方

面粉 250 g　熟面粉 250 g　水 100 g　豆沙馅 300 g　猪油 180 g

（二）工艺流程

和面⟶开酥⟶卷筒⟶下剂⟶制皮⟶上馅⟶成形⟶熟制

（三）制作过程

1. 和面：水油酥的调制是取面粉 250 g、猪油 50 g、30 ℃的水 100 g 在案板上调和均匀，揉匀、搓透。干油酥的调制是将熟面粉 250 g、猪油 130 g 在案板上擦匀、擦透。

2. 开酥：将干油酥包入水油酥中，再用走锤擀成 0.2 cm 厚的长方形薄片，由下至上卷成圆柱形长条，揪成重约 25 g 一个的剂。

3. 上馅：将剂按成中间厚、周围薄的圆皮，包入重约 10 g 的馅心，收严剂口呈圆形。

4．成形：将包好的坯子面朝上，用刀侧面按成直径约 5 cm 的圆饼，将饼从边起，通过直径均匀分成 12 瓣，刀口长 1.7 cm，并将剖面顺时针旋转 90°，剖面翻至朝上。形似盛开的菊花。在生坯的中心点个红点。

5．熟制：将生坯放入 150～160 ℃的烤炉中烤 12～15 分钟，饼身鼓起、墙挺、色白即熟。

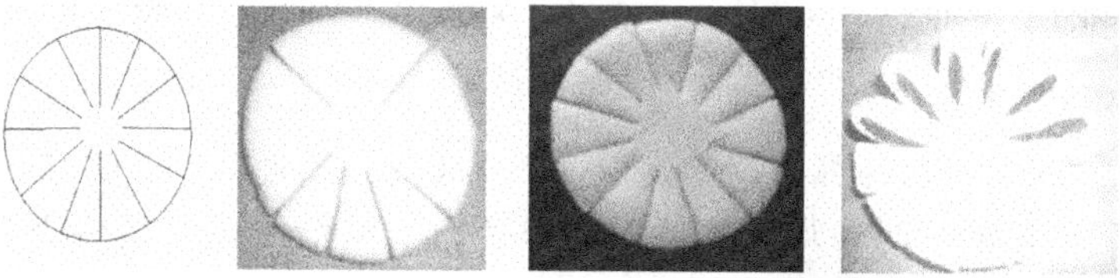

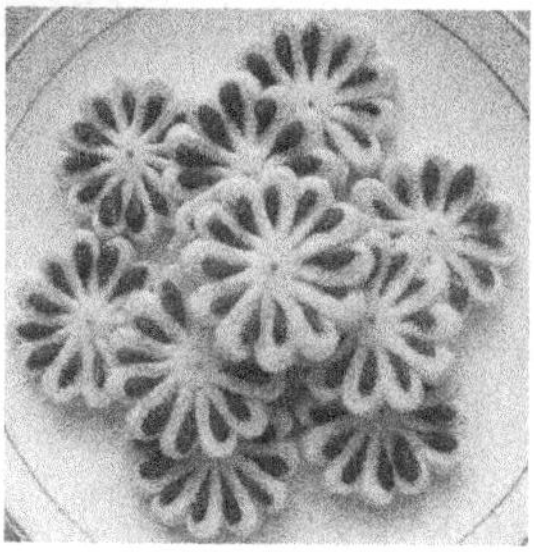

（四）风味特点

色泽洁白，层次分明，不混酥，不塌腔，半露馅，花瓣均匀，似盛开的菊花，口感酥松，细腻香甜。

（五）技术要点

1．水油酥与干油酥的比例要适当。

2．水油酥与干油酥的软硬度要一致。

3．擀皮起酥时，两手用力轻重要适当，使酥层厚薄一致。

4．擀皮起酥卷筒时，左右两边 1～2 cm 处擀得越薄越好，并将这两部分切掉放在上下的两个边上，再卷卷，这样可避免圆酥中心出现面骨头，使酥纹清晰均匀。

5．擀皮起酥时，尽量少用生粉，卷圆筒时不要卷紧，避免成形时混酥。

6．起酥后下的剂子应盖上一块干净潮湿的布，防止外表皮结壳影响成形，一般要边做边起酥。

7．包馅时，馅心要正。

8．改刀时，刀刃要快，刀尖要直，下刀要快，条条均匀。

二十二、梅花酥

（一）配方

面粉 250 g　熟面粉 250 g　水 100 g　豆沙馅 300 g　猪油 180 g

（二）工艺流程

和面⟶开酥⟶卷筒⟶下剂⟶制皮⟶上馅⟶成形⟶熟制

（三）制作过程

1. 和面：水油酥的调制是取面粉 250 g、猪油 50 g、30 ℃的水 100 g 在案板上调和均匀，揉匀、搓透。干油酥的调制是将熟面粉 250 g、猪油 130 g 在案板上擦匀、擦透。

2. 开酥：将干油酥包入水油酥中，再用走锤擀成 0.2 cm 厚的长方形薄片，由下至上卷成圆柱形长条，揪成重约 25 g 一个的剂。

3. 上馅：将剂按成中间厚、周围薄的圆皮，包入重约 10 g 的馅心，收严剂口呈圆形。

4. 成形：将包好的坯子收口朝下，用刀侧面按成直径约 5 cm 的圆饼，将饼边五等分，用快刀在边沿指向圆心共切五刀，刀口长 1.7 cm，将每瓣同向旋转 90°，馅心露在外面，摆入烤盘，在生坯的中心点个红点。

5. 熟制：将生坯放入 150～160 ℃的烤炉中烤 12～15 分钟，饼身鼓起、墙挺、色白即熟。

（四）风味特点

色泽洁白，层次分明，不混酥，不塌腔，花瓣均匀，似盛开的梅花，口感酥松，细腻香甜。

（五）技术要点

1. 水油酥与干油酥的比例要适当。

2. 水油酥与干油酥的软硬度要一致。

3. 擀皮起酥时，两手用力轻重要适当，使酥层厚薄一致。

4. 擀皮起酥卷筒时，左右两边 1～2 cm 处擀得越薄越好，并将这两部分切掉放在上下的两个边上，再卷卷，这样可避免圆酥中心出现面骨头，使酥纹清晰均匀。

5. 擀皮起酥时，尽量少用生粉，卷圆筒时不要卷紧，避免成形时混酥。

6. 起酥后下的剂子应盖上一块干净潮湿的布，防止外表皮结壳影响成形，一般要边做边起酥。

7. 包馅时，馅心要正。

8. 改刀时，刀刃要快，刀尖要直，下刀要快，条条均匀。

二十三、刺猬酥

（一）配方

面粉 250 g　熟面粉 250 g　水 100 g　豆沙馅 300 g　猪油 180 g

（二）工艺流程

和面⟶开酥⟶卷筒⟶下剂⟶制皮⟶上馅⟶成形⟶熟制

（三）制作过程

1. 和面：水油酥的调制是取面粉 250 g、猪油 50 g、30 ℃的水 100 g 在案板上调和均匀，揉匀、搓透。干油酥的调制是将熟面粉 250 g、猪油 130 g 在案板上擦匀、擦透。

2. 开酥：将干油酥包入水油酥中，再用走锤擀成 0.2 cm 厚的长方形薄片，由下至上卷成圆柱形长条，揪成重约 25 g 一个的剂。

3. 上馅：将剂按成中间厚、周围薄的圆皮，包入重约 10 g 的馅心，收严剂口呈圆形。

4. 成形：将包好的坯子搓成椭圆形，在一侧捏出头形，用剪刀剪出 1.5 cm 作为刺猬的嘴，距离前端 2 cm 处开始剪 5～6 排的刺，每排 7～8 个刺，前后两排的刺要错开，头部用牙签沾绿色素点上两只眼睛，嘴里塞一粒莲蓉馅，摆入烤盘中。

5. 熟制：将生坯放入 150～160 ℃的烤炉中烤 12～15 分钟，坯鼓起、挺实、色白即熟。

（四）风味特点

刺猬形，色泽洁白，层次分明，不混酥，不塌腔，口感酥松，细腻香甜。

（五）技术要点

1. 水油酥与干油酥的比例要适当。

2. 水油酥与干油酥的软硬度要一致。

3. 擀皮起酥时，两手用力轻重要适当，使酥层厚薄一致。

4. 擀皮起酥卷筒时，左右两边 1～2 cm 处擀得越薄越好，并将这两部分切掉放在上下的两个边上，再卷卷，这样可避免圆酥中心出现面骨头，使酥纹清晰均匀。

5. 擀皮起酥时，尽量少用生粉，卷圆筒时不要卷紧，避免成形时混酥。

6. 起酥后下的剂子应盖上一块干净潮湿的布，防止外表皮结壳影响成形，一般要边做边起酥。

7. 包馅时，馅心要正。

8. 剪刀要快，要尖。

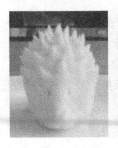

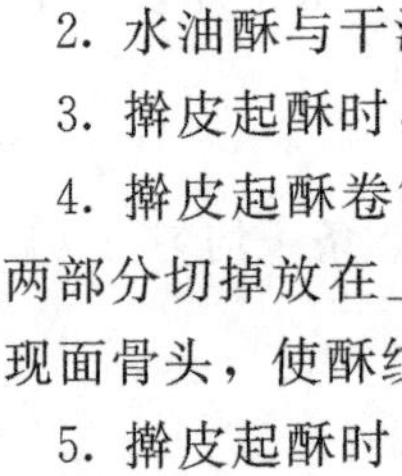
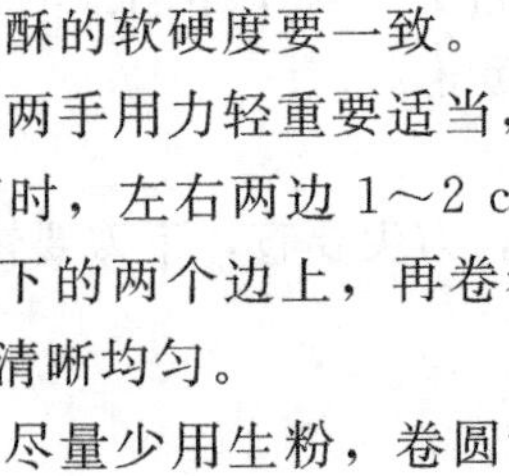
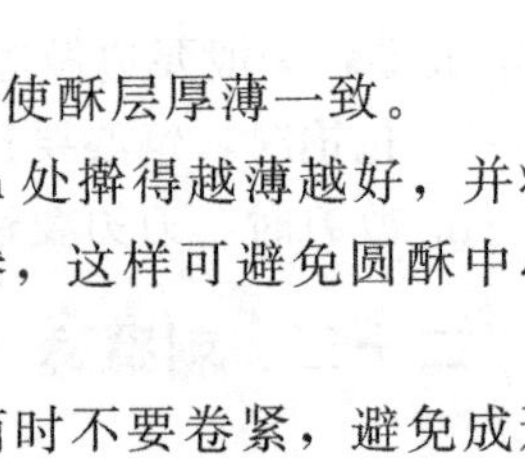

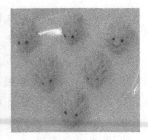

二十四、鸡爪酥

（一）配方

面粉 250 g　熟面粉 250 g　水 100 g　豆沙馅 300 g　猪油 180 g

（二）工艺流程

和面⟶开酥⟶卷筒⟶下剂⟶制皮⟶上馅⟶成形⟶熟制

（三）制作过程

1. 和面：水油酥的调制是取面粉 250 g、猪油 50 g、30 ℃的水 100 g 在案板上调和均匀，揉匀、搓透。干油酥的调制是将熟面粉 250 g、猪油 130 g 在案板上擦匀、擦透。

2. 开酥：将干油酥包入水油酥中，再用走锤擀成 0.2 cm 厚的长方形薄片，由下至上卷成圆柱形长条，揪成重约 25 g 一个的剂。

3. 上馅：将剂按成中间厚、周围薄的圆皮，包入重约 10 g 的馅心，收严剂口呈圆形。

4. 成形：将包好的坯子搓成长圆形，按成斜面状，长 6 cm，宽 4 cm，薄的一面均匀地切三刀，刀口长 3 cm，坯右面的第一条顺时针旋转 90°，其余各条逆时针旋转 90°，剖面翻至朝上。鸡掌部位刷上蛋黄，沾点芝麻，形如鸡爪。

5. 熟制：将生坯放入 150～160 ℃的烤炉中烤 12～15 分钟，坯鼓起、墙挺实、色洁白即熟。

（四）风味特点

色泽洁白，层次分明，不混酥，不塌腔，半露馅，形如鸡爪，口感酥松，细腻香甜。

（五）技术要点

1. 水油酥与干油酥的比例要适当。

2. 水油酥与干油酥的软硬度要一致。

3. 擀皮起酥时，两手用力轻重要适当，使酥层厚薄一致。

4. 擀皮起酥卷筒时，左右两边 1～2 cm 处擀得越薄越好，并将这两部分切掉放在上下的两个边上，再卷卷，这样可避免圆酥中心出现面骨头，使酥纹清晰均匀。

5. 擀皮起酥时，尽量少用生粉，卷圆筒时不要卷紧，避免成形时混酥。

6. 起酥后下的剂子应盖上一块干净潮湿的布，防止外表皮结壳影响成形，一般要边做边起酥。

7. 包馅时，馅心要正。

8. 改刀时，刀刃要快，刀尖要直，下刀要快，条比例适当。

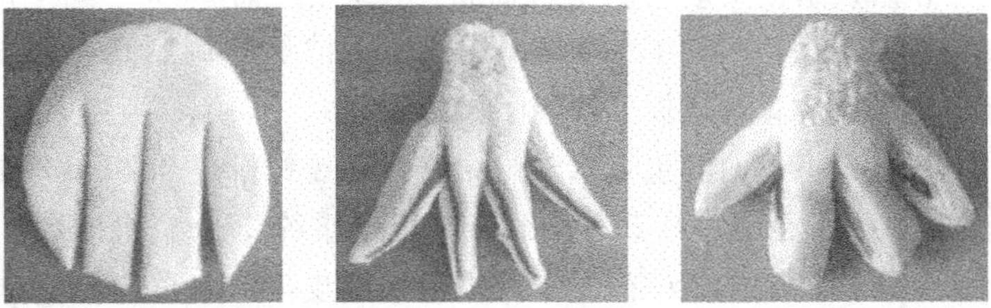

二十五、白皮酥

（一）配方

皮料：面粉 250 g　熟面粉 250 g　猪油 180 g　水 100 g

馅料：白糖 100 g　熟面粉 40 g　青红丝 10 g　桂花酱 10 g

（二）工艺流程

和面 → 开酥 → 卷筒 → 下剂 → 上馅 → 成形 → 熟制

制馅 ——————————————→（上馅）

（三）制作过程

1. 和面：水油酥的调制是取面粉 250 g、猪油 50 g、30 ℃的水 100 g 在案板上调和均匀，揉匀、搓透。干油酥的调制是将熟面粉 250 g、猪油 130 g 在案板上擦匀、擦透。

2. 开酥：将干油酥包入水油酥中，再用走锤擀成 0.2 cm 厚的长方形薄片，由下至上卷成圆柱形长条，揪成重约 25 g 一个的剂。

3. 制馅：将白糖 1000 g、熟面粉 40 g 和在一起，用手搓拌使其上劲，然后加入其他配料搓均匀即可。

4. 上馅：将剂按成中间稍厚、边略薄的圆皮，包入重约 10 g 的馅心，收严剂口呈圆形。

5. 成形：将包好的坯子收口朝下，按扁擀成直径 5 cm 的圆饼，中间用红色素点上一个红点，摆入烤盘。

6. 熟制：将生坯放入 150～160 ℃的烤炉中烤 12～15 分钟，坯鼓起、墙挺实、色洁白即熟。

（四）风味特点

色泽洁白，层次分明，酥松香甜。

（五）质量标准

色泽洁白无斑点，不混酥，不露馅，层次分明，馅心端正，每个重 30 g，不上色，不欠火，酥松香甜。

（六）技术要点

1. 干油酥和水油酥的比例要掌握好，各占 50%。

2. 两块面团软硬一致，包酥时不能混酥。

3. 要选用上等的洁白的大油调制面团。

4. 擀皮起酥时，两手用力轻重要适当，使酥层厚薄一致。

5. 擀皮起酥卷筒时，左右两边 1～2 cm 处擀得越薄越好，并将这两部分切掉放在上下的两个边上，再卷卷，这样可避免圆酥中心出现面骨头，使酥纹清晰均匀。

6. 擀皮起酥时，尽量少用生粉，卷圆筒时不要卷紧，避免成形时混酥。

7. 起酥后下的剂子应盖上一块干净潮湿的布，防止外表皮结壳影响成形，一般要边做边起酥。

8. 烤制时炉温在 150～160 ℃为宜，主要用慢火烤熟。

二十六、椒盐酥

（一）配方

皮料：面粉 250 g　熟面粉 250 g　猪油 180 g　水 100 g

馅料：白糖 100 g　熟面粉 25 g　生花椒 1 g　精盐 3 g　熟豆油 15 g

（二）工艺流程

和面→开酥→卷筒→下剂→上馅→成形→熟制

制馅→上馅

（三）制作过程

1. 和面：水油酥的调制是取面粉 250 g、猪油 50 g、30 ℃的水 100 g 在案板上调和均匀，揉匀、搓透。干油酥的调制是将熟面粉 250 g、猪油 130 g 在案板上擦匀、擦透。

2. 开酥：将干油酥包入水油酥中，再用走锤擀成 0.2 cm 厚的长方形薄片，由下至上卷成圆柱形长条，揪成重约 25 g 一个的剂。

3. 制馅：

（1）先去掉花椒的梗和籽，入锅在微火上炒出香味，至焦黄时取出，晾凉，研磨成细末。

（2）将精盐入锅，炒干水汽取出晾凉，研磨成细末，与花椒末混合均匀，盛入器皿备用。

（3）将白糖 100 g、熟面粉 25 g、熟豆油 15 g、炒好的花椒面、盐和在一起，用手搓拌使其上劲，然后加入其他配料搓均匀即可。

4. 上馅：将剂按成中间稍厚、边略薄的圆皮，包入重约 10 g 的馅心，收严剂口呈圆形。

5. 成形：将包好的坯子收口朝下，按扁擀成直径 5 cm 的圆饼，饼面在干净的湿屉布上沾一下，再在白芝麻上沾一下即成，摆入烤盘。

6. 熟制：将生坯放入 150～160 ℃的烤炉中烤 12～15 分钟，坯鼓起、墙挺实、色洁白即熟。

（四）风味特点

色泽洁白，层次分明，酥松麻香，又甜又咸。

（五）质量标准

色泽洁白，层次分明，薄而均匀，不混酥，不露馅，具有麻香甜咸之复合味。

（六）技术要点

1. 干油酥和水油酥的比例要掌握好，各占50%。

2. 两块面团软硬一致，包酥时不能混酥。

3. 制馅时馅心要调出麻香甜咸的复合味，芝麻不要炒煳。

4. 烤制时炉温要控制好，炉温在150～160 ℃，做到不上色，不欠火。

二十七、水晶酒香酥

（一）配方

皮料：面粉250 g　熟面粉250 g　猪油180 g　水100 g

馅料：白糖200 g　熟面粉70 g　郎酒10 g　熟豆油20 g

面料：碎冰糖50 g

（二）工艺流程

和面→开酥→卷筒→下剂→上馅→成形→熟制

制馅→上馅

（三）制作过程

1. 和面：水油酥的调制是取面粉250 g、猪油50 g、清水100 g在案板上调和均匀，揉匀、搓透。干油酥的调制是将熟面粉250 g、猪油 130 g 在案板上擦匀、擦透。

2. 开酥：将干油酥包入水油酥中，再用走锤擀成 0.2 cm 厚的长方形薄片，由下至上卷成圆柱形长条，揪成重约 25 g 一个的剂。

3. 制馅：将白糖 200 g、熟面粉 70 g、熟豆油 20 g、酒 10 g 搓匀制成酒香馅。

4. 上馅：将剂按成中间稍厚、边略薄的圆皮，包入重约 10 g 的馅心，收严剂口呈圆形。

5. 成形：将包好的坯子收口朝下，按扁擀成直径 5 cm 的圆饼，饼面在干净的湿屉布上沾一下，再沾上如高粱米粒大小的碎冰糖，摆入烤盘。

6. 熟制：将生坯放入 150～160 ℃的烤炉中烤 12～15 分钟，坯鼓起、墙挺实、色洁白即熟。

（四）风味特点

色泽洁白、晶莹，层次分明，甜脆酥松，具有浓郁的酒香味。

（五）质量标准

色泽洁白、晶莹，层次分明，薄而均匀，不混酥，不露馅，甜脆酥松，具有浓郁的酒香味，不上色，不欠火，每个重 30 g。

（六）技术要点

1. 制馅时用酒量要掌握准确，调出的酒香味应适度，酒不可过多，酒的品牌一般名酒即可。

2. 冰糖压碎如高粱米粒大小。

3. 干油酥和水油酥的比例要掌握好，各占 50%。

4. 两块面团软硬一致，包酥时不能混酥。

5. 擀皮起酥时，尽量少用生粉，卷圆筒时不要卷紧，避免成形时混酥。

6. 烤制时炉温要控制好，炉温在 150～160 ℃，做到不上色，不欠火。

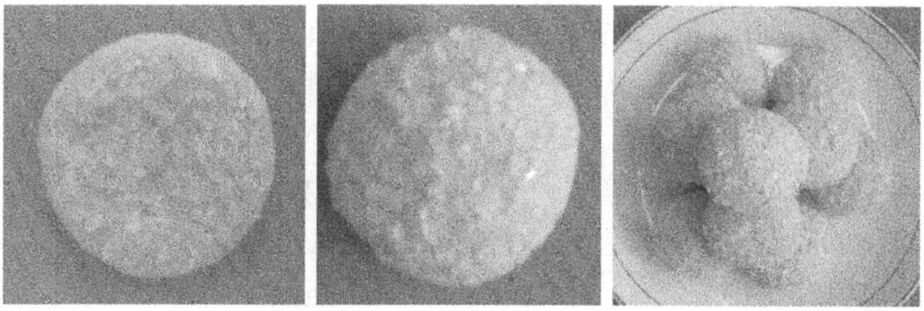

任务二　炸制品

一、千层酥

（一）配方

面粉 350 g　熟面粉 150 g　猪油 120 g　水 140 g　砂糖 25 g

（二）工艺流程

和面⟶开酥⟶叠酥⟶切剂⟶成形⟶熟制

（三）制作过程

1. 和面：水油酥的调制是取面粉 350 g、猪油 42 g、30 ℃的水 140 g 在案板上调和均匀，揉匀、搓透。干油酥的调制是将熟面粉 150 g、猪油 78 g 在案板上擦匀、擦透。

2. 开酥：将干油酥包入水油酥中，采用大包酥，擀成长方形的薄片，长宽比为 2∶1，厚为 0.5 cm，两侧宽边为大包酥的封口部位，将没酥的部分截去，由长的方向对折成三折四层；再擀成长宽比为2∶1、厚为 0.5 cm 的片，此处的长边是原来的宽边，将边没酥的部分截去而后折叠三折为十层；同样再擀开后折叠一次，为十九层；再擀成正方形、厚 0.5 cm 的片，截去没有酥层的四边，破酥完成。

3. 成形：将开酥后的面坯切拉成长 9 cm、宽 3 cm 的长条，在条的中间顺条的方向再切拉一道 3 cm 长的口，将一头从刀口处翻套出来即成。

4. 熟制：将制品摆在平底的笊篱里，放入 120～130 ℃的油锅中，油是制品的 10 倍以上，先浸炸，当制品的酥全部吐出时，要及时将油温升至 140～150 ℃，逐渐将制品炸至层次分明、色白变硬时起锅，最后在千层酥上面撒上绵白糖或红色糖即成。

（四）风味特点

色泽洁白，层次分明，如张开的手风琴，香甜酥脆。

（五）质量标准

色泽洁白，层次分明，薄而均匀，不混酥，香甜酥脆。

（六）技术要点

1. 干油酥和水油酥的比例要掌握好。
2. 两块面团软硬一致，包酥时不能混酥。
3. 开酥时擀制厚薄要一致，层次要均匀。
4. 炸制时，油温要控制好，凉油入、热油出。
5. 炸制时，油要清洁。

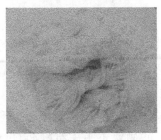

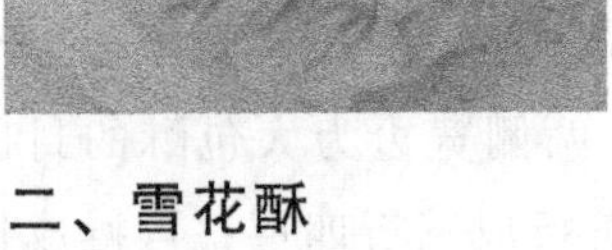

二、雪花酥

（一）配方

面粉 350 g　熟面粉 150 g　猪油 120 g　水 140 g　豆沙馅 300 g

（二）工艺流程

和面──→开酥──→卷筒──→下剂──→制皮──→上馅──→成形──→熟制

（三）制作过程

1. 和面：水油酥的调制是取面粉 350 g、猪油 42 g、30 ℃的水 140 g 在案板上调和均匀，揉匀、搓透。干油酥的调制是将熟面粉 150 g、猪油 78 g 在案板上擦匀、擦透。

2. 开酥：将干油酥包入水油酥中，再用走锤擀成 0.2 cm 厚的长方形薄片，由下至上卷成圆柱形，用片刀以 45°的角斜拉切成面剂，每个 25 g。

3. 上馅：将剂按成中间厚、周围薄的圆皮，要求酥层一半藏在里面，一半露在外面，包入重约 10 g 的馅心，收严剂口呈圆形。

4. 成形：将包好的坯子面朝上，用擀面杖正反两面擀成直径 5 cm的圆饼。

5. 熟制：将猪油放入锅中，烧至 120～130 ℃时，离火，把生坯下锅浸炸，待饼慢慢浮上油面，酥吐出层次展开，再上火将油温升至 140～150 ℃炸成白色，熟后捞出放凉，撒上绵白糖即可上桌。

（四）风味特点

色泽洁白，层次分明，口味酥香，营养丰富。

（五）质量标准

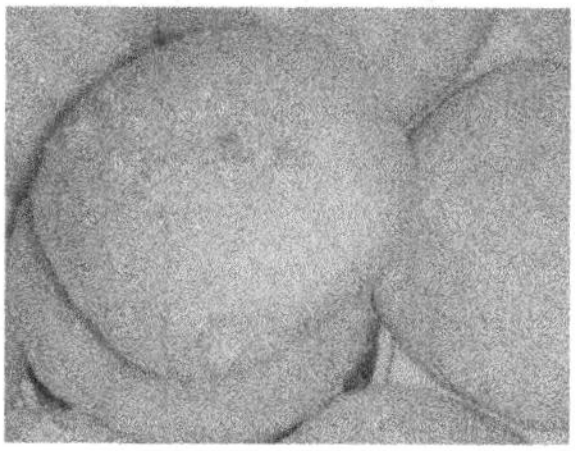

色泽洁白，层次分明，口味酥香。

（六）技术要点

1. 干油酥和水油酥的比例要掌握好。

2. 两块面团软硬一致，包酥时不能混酥。

3. 擀皮起酥时，尽量少用生粉，开酥时用力均匀、厚薄一致。卷圆筒时尽量卷紧，避免酥层分离、脱壳。

4. 炸制时，油温要控制好，凉油入、热油出。

项目四 其他面团

任务一 蔬菜制品

一、火腿土豆饼

（一）配方

皮料：熟土豆 500 g　熟澄粉 150 g　糯米粉 75 g　鸡蛋 3 个
　　　面包糠 200 g

馅料：猪腿肉 200 g　熟火腿 100 g　葱花 30 g　猪油 40 g
　　　熟豆油 1500 g

调料：酱油 5 g　精盐 2 g　香油 10 g　味精 2 g　料酒 5 g
　　　花椒面 1 g　胡椒粉 1 g

（二）工艺流程

制皮⟶制馅⟶成形⟶熟制

（三）制作过程

1. 制皮：土豆洗净去皮，入笼屉蒸熟。去皮用刀在案板上压成泥，加入烫透的澄面和糯米粉，擦匀、擦透成团，将坯料分成 24 个剂。

2. 制馅：猪肉切成绿豆粒大小，火腿切成米粒，锅内放猪油加热到 130 ℃时，放肉馅炒散，加入料酒、酱油炒香起锅，冷却后加调料与火腿拌匀即成馅心。

3. 成形：取一个皮料在手中按扁，将馅心包入皮坯，在手中按成圆，放入打散的蛋液中沾上蛋液，再裹上面包糠即成饼坯。

4. 熟制：将豆油加热至 180 ℃时，用笊篱装上饼坯放入锅中，炸 2～3 分钟，呈金黄色即熟。

（四）风味特点

金黄色，外焦里嫩，绵软，鲜香，润滑。

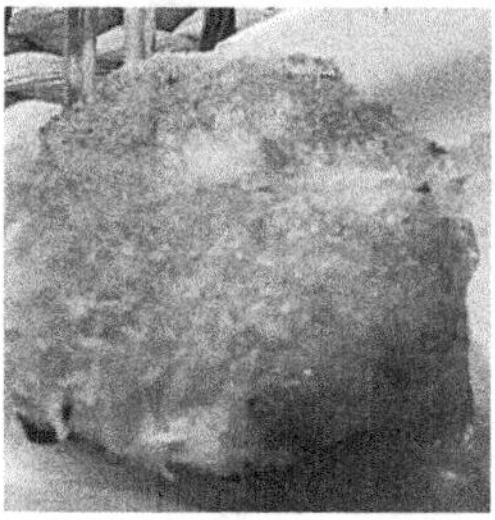

（五）技术要点

1. 土豆要蒸熟、蒸透。

2. 土豆泥要擦匀、擦透。

3. 蛋液要沾匀再裹面包糠。

4. 炸制时油温要控制在 180 ℃左右，要求凉油入、热油出。

二、萝卜丝饼

（一）配方

面粉 500 g　萝卜丝 500 g　胡萝卜丝 100 g　水 500 g　葱丝 50 g
香菜梗 25 g　盐 10 g　味素 10 g　花椒面 5 g

（二）工艺流程

调制面浆──→萝卜、胡萝卜、香菜段──→熟制

（三）制作过程

1. 萝卜、胡萝卜切成细丝，丝粗 2.5 mm，香菜梗切成 10 cm 长的段，葱切成 2 cm 长的丝。

2. 调制面浆：将面粉和水搅拌均匀，加入调味品及萝卜丝、胡萝卜丝、香菜梗、葱丝拌和均匀。

3. 熟制：将饼铛加热至 210 ℃左右，用手勺舀面糊倒入淋有生豆油的锅内，摊成圆饼，烙成浅红色，焦香即熟。

（四）风味特点

浅红色，焦脆，鲜咸而香，富有萝卜的清香味。

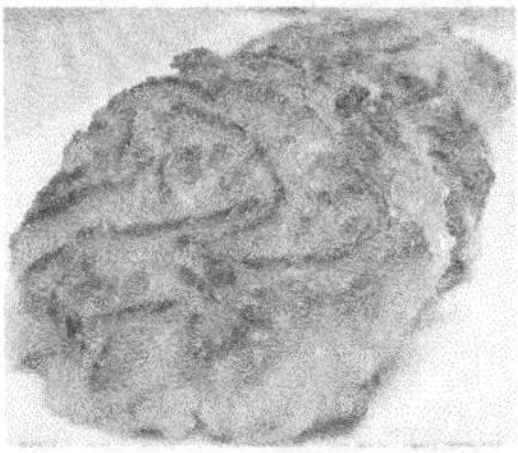

（五）技术要点

1. 调制面糊时，粉料要徐徐加入，搅拌均匀，但面糊中仍有粉料的颗粒，一般饧1小时以后，粉粒充分吸收水后再进行熟制最好。

2. 烙制时，锅面要淋上较多的生豆油，锅温要控制在215 ℃左右。

3. 烙制翻个时，饼面要淋上生豆油。

三、土豆丝饼

（一）配方

面粉500 g　土豆丝500 g　胡萝卜丝100 g　水500 g

葱丝50 g　香菜梗25 g　盐10 g　味素10 g　花椒面5 g

（二）工艺流程

调制面浆⟶加入土豆丝、胡萝卜丝、香菜段⟶熟制

（三）制作过程

1. 土豆、胡萝卜切成细丝，丝粗2.5 mm，香菜梗切成10 cm长的段，葱切成2 cm长的丝。

2. 调制面浆：将面粉和水搅拌均匀，加入调味品及土豆丝、胡萝卜丝、香菜梗、葱丝拌和均匀。

3. 熟制：将饼铛加热至210～220 ℃，用手勺舀面糊倒入淋有生豆油的锅内，摊成圆饼，烙成浅红色，焦香即熟。

（四）风味特点

浅红色，焦脆，鲜咸而香，富有土豆的清香味。

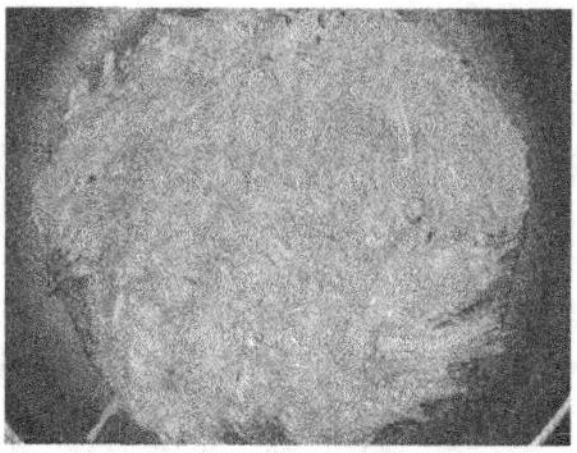

（五）技术要点

1. 调制面糊时，粉料要徐徐加入，搅拌均匀，但面糊中仍有粉料的颗粒，一般饧 1 小时以后，粉粒充分吸收水后再进行熟制最好。

2. 烙制时，锅面要淋上较多的生豆油，锅温要控制在 215 ℃左右。

3. 烙制翻个时，饼面要淋上生豆油。

任务二 薯茸制品

一、麻香枣

（一）配方

熟地瓜泥 500 g 白糖 75 g 大油 50 g 糯米粉 150～250 g
熟澄面 50 g 枣泥 50～100 g 白芝麻 50 g

（二）工艺流程

地瓜去皮⟶蒸地瓜⟶地瓜制泥⟶和面成团⟶成形⟶熟制

（三）制作过程

1. 初步处理：地瓜去皮蒸熟，制成泥。

2. 和面：将熟地瓜泥、白糖、大油、糯米粉、熟澄面拌和均匀，擦匀成团。

3. 成形：将面团搓条，制成 35 g 一个的剂，按扁，包入 8 g 的枣泥馅，收紧剂口，滚上白芝麻，搓成长 3～4 cm 的条。

4. 熟制：将油锅加热至 160～180 ℃，将生坯下入油锅中，不断翻动，以免粘锅，待生坯浮上油面，炸制 3～4 分钟，色泽金黄，捞出即可。

（四）风味特点

具有地瓜的甘甜软滑，芝麻的浓香，枣泥的清甜。

（五）技术要点

1. 地瓜要蒸熟、蒸透。

2. 地瓜泥要擦匀、擦透。

3. 面团调制时，要擦匀、擦透。

4. 炸制时油温要控制在 180 ℃左右。要求凉油入、热油出。

5. 油脂的燃点与发烟点的温差不太大，在炸制过程中，应控制好油温，防止起火。

6. 炸制时油锅附近要备有足够的凉油。

7. 炸制时油锅里的油不能超过锅的三分之二，油锅一旦起火，不能加水等，要及时添加凉油，使锅内油脂降温，当油温达不到燃点时，火会自然熄灭。

二、薯茸饼

（一）配方

熟地瓜泥 500 g　白糖 100 g　大油 50 g　糯米粉 250 g

面粉 100 g　白芝麻 50 g　泡打粉 3 g

（二）工艺流程

地瓜去皮→蒸地瓜→地瓜制泥→和面成团→成形→熟制

（三）制作过程

1. 初步处理：地瓜去皮蒸熟，制成泥。

2. 和面：将熟地瓜泥、白糖、大油、糯米粉、面粉、泡打粉一起搅拌，用水找软硬调匀，面团稍软。

3. 成形：将面团搓条，制成 65 g 一个的剂，滚上白芝麻，按成直径 9 cm 薄厚一致的片。

4. 熟制：将平锅加热至 180 ℃，淋上一层油，生坯下锅，锅温降至 160 ℃进行烙制，经三翻四烙，淋一次油刷两次油，烙至两面金黄色即可。

（四）风味特点

具有地瓜的甘甜软滑，芝麻的浓香。

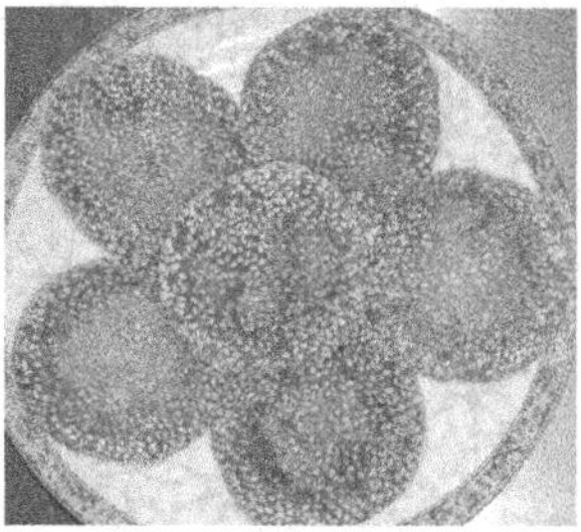

（五）技术要点

1. 地瓜要蒸熟、蒸透。

2. 地瓜泥要擦匀、擦透。

3. 面团调制时，要擦匀、擦透。

4. 生坯入锅温度 180 ℃，烙制时160 ℃。要求经三翻四烙，每翻一次间隔 2～3 分钟。

任务三　糯面制品

一、粽子

（一）配方

糯米 500 g　小枣 40 粒　鲜粽叶 40 片　干马莲 15 根　白糖 50 g

（二）工艺流程

泡米──→煮叶──→成形──→熟制

（三）制作过程

1. 泡米：将洗净的米用清水浸泡 2 小时。

2. 煮叶：将干粽叶用清水浸泡一天，放入锅中加一小勺盐煮开，5 分钟后关火，焖 20 分钟。这样可使叶子消毒并变软，包制时不宜破裂。

3. 清洗：将叶子在流水下用湿抹布从根部往顶端顺纹理擦拭一遍，两面都要洗净。

4. 修剪整理：用剪刀修剪叶子顶端。如果根部特别长而大，也需要修剪。

5. 成形：根据苇叶的宽度，用2～3片顺长排好。将两端弯向中间并重叠，使苇叶形成一个圆锥形的斗。斗内放25 g左右的糯米、2～3枚小枣，再放入25 g糯米，与斗口相平。将斗口上部的苇叶折盖包住斗口，封严，把长出的苇叶塞好。用泡软的马莲拦腰扎捆扎紧，成为四角粽子。

6. 熟制：将包好的生粽子码入锅内，注入清水没过粽子，盖上锅盖上火煮2小时左右即成熟。

7. 取熟粽子，去掉苇叶，放入盘内加糖食用。

（四）风味特点

色泽光亮，入口润滑，柔软、黏稠，齿颊留香，回味甘甜，软糯。

（五）技术要点

1. 米要泡透。

2. 苇叶要选用较宽的，包时要包严，扎紧捆严。

3. 成熟时要煮透。

二、年耗子

（一）配方

皮料：糯米粉 500 g　白糖 50 g　苏子叶 50 g　水 400 g

馅料：豆沙馅 200 g

（二）工艺流程

制馅──→和面──→成形──→熟制

（三）制作过程

1. 制馅：将豆沙馅搓成约 10 g 重的小球。

2. 和面：将糯米粉和白糖倒在案板上，加入 40 ℃左右的水擦匀。

3. 成形：将面团制成约 10 g 重的剂子，将小糯米团逐个在掌心揉成球状。用手指在球顶压一小窝，包入豆沙馅，搓成长 6 cm 的条状，把包好的半成品放到苏子叶中，顺着中间的叶脉对合，叶柄就相当于耗子的尾巴。

4. 熟制：将成形的年耗子摆放在屉上，放入蒸锅。冒汽计时 15 分钟即可。

（四）风味特点

软糯，富有苏子叶的清香，豆沙馅细腻甜爽。

（五）技术要点

1. 苏子叶要洗净。

2. 和面水温要适当。

3. 成形时馅心居中，皮馅的软硬要一致，坯皮四周厚薄均匀不破裂。

4. 成熟时计时要准确。

三、凉糕

(一) 配方

糯米粉 500 g　白糖 50 g　水 400 g　豆面适量

(二) 工艺流程

和面──→熟制──→成形

(三) 制作过程

1. 和面：糯米粉和白糖倒在案板上，加入凉水和均匀。将和好的面团放到铺有屉布的屉里，沾水铺平，厚度 1 cm。

2. 熟制：将屉摆放到蒸锅内，冒汽计时 30 分钟即可。

3. 成形：将出锅的制品放凉，切成菱形块，在表面沾上豆面即可。

(四) 风味特点

软糯香甜，有韧性，有嚼筋。

(五) 技术要点

1. 和面时水温要适当，面团的软硬度要合适。

2. 屉布沾水不要拧，直接铺于屉上。

3. 面团在屉上要铺得薄厚均匀，不可过厚影响成熟。

4. 豆面要炒熟与糖拌匀。

四、麻团

(一) 配方

皮料：糯米粉 500 g 澄面 100 g 精炼猪油 75 g 白糖 125 g
大起子 3 g 泡打粉 3 g 白芝麻 50 g

馅料：黑芝麻 150 g 熟花生 50 g 白糖 125 g 生猪板油 100 g

(二) 工艺流程

和面→擦面→搓条→下剂→制皮→上馅→成形→熟制

制馅→上馅

(三) 制作过程

1. 制馅：黑芝麻淘洗干净，沥干倒入锅中，先用旺火炒干，然后用小火缓炒至熟，将猪板油去膜，同三分之二的熟芝麻及白糖用绞馅机绞成泥，加入剩余的三分之一熟芝麻及碎花生一起擦拌均匀，成黑芝麻馅。捏成 15 g 一个的团，至冰箱冷冻 10～20 分钟，馅心稍硬便于成形。

2. 和面：将糯米粉、臭粉、泡打粉、白糖拌和均匀，再加入 40 ℃左右的水调和均匀，然后再加入熟澄面、大油搓擦均匀，使面团表面光滑。

3. 成形：将面团搓条，下成 75 g 一个的面剂，搓圆捏窝，包入馅心，收无缝口，呈球形，表面滚沾上一层白芝麻。

4. 熟制：将油锅加热至 150 ℃，放入麻团生坯轻轻搅动，以免粘锅。待麻团浮起油面，不断自动翻滚时，炸 5～6 分钟，表面芝麻成金黄色即熟。

（四）风味特点

外焦里嫩，软糯香甜，色泽金黄。

（五）技术要点

1. 黑芝麻馅一定要擦匀、擦透，切不可掺水，也可用豆沙馅等。

2. 和面时水温要适当，温度高了大起子会分解，影响起发。

3. 面团一定要擦匀、擦透，不可夹生粉粒。

4. 成形时要滚沾一层白芝麻，沾后要用手团一团使芝麻粘住，以免炸时脱落。

5. 成形时馅心居中，四周坯皮厚薄要均匀，收口要严，不破裂。

6. 成熟时油温要适当，凉油入、热油出。麻团浮起后再逐渐加温，以免麻团表面发黑而里面不熟。

五、汤圆

（一）配方

皮料：糯米粉 500 g　白糖 50 g　水 400 g

馅料：黑芝麻 150 g　熟花生仁 50 g　白糖 125 g

生猪板油 100 g

（二）工艺流程

和面→擦面→搓条→制皮→上馅→成形→熟制

制馅→上馅

（三）制作过程

1. 制馅：黑芝麻淘洗干净，沥干倒入锅中，先用旺火炒干，然后用小火缓炒至熟，将猪板油去膜，同三分之二的熟芝麻及白糖用绞馅机绞成泥，加入剩余的三分之一熟芝麻及碎花生一起擦拌均匀，成黑芝麻馅。捏成 15 g 一个的团，至冰箱冷冻 10～20 分钟，馅心稍硬便于成形。

2. 和面：将糯米粉、白糖、40 ℃左右的水调和均匀，搓擦成团。

3. 成形：将糯米粉团搓条，分割成 10 g 一个的面剂。团搓成球形，捏成凹形坯皮，包入馅心，搓捏成光滑的小圆球即成生坯。

4. 熟制：锅水烧沸，投入圆子生坯。用勺背压在锅边轻轻推动，不使其互相黏结或粘底。待煮至汤圆浮起，加入少量凉水，即点水，煮 7～8 分钟，待圆子呈玉白色即可捞出。

（四）风味特点

色泽洁白，形圆润滑，软糯柔韧，甘甜麻香，油而不腻。

（五）技术要点

1. 馅一定要擦匀、擦透，切不可掺水。

2. 成形时，一定要将馅心居中，坯皮四周薄厚均匀，不破裂。

3. 掌握煮制火候，水要沸而不腾，切勿大火猛煮，防止汤圆爆裂。

4. 出锅时用冷水过一下，这样圆子光滑明亮，糯而不粘。

六、双色汤圆

（一）配方

皮料：黑糯米粉 100 g　白糯米粉 400 g　白糖 50 g　水 400 g

馅料：黑芝麻 150 g　熟花生仁 50 g　白糖 125 g

生猪板油 100 g

（二）工艺流程

和面→擦面→搓条→制皮→上馅→成形→熟制

制馅→上馅

（三）制作过程

1. 制馅：黑芝麻淘洗干净，沥干倒入锅中，先用旺火炒干，然后用小火缓炒至熟，将猪板油去膜，同三分之二的熟芝麻及白糖用绞馅机绞成泥，加入剩余的三分之一熟芝麻及碎花生一起擦拌均匀，成黑芝麻馅。捏成 10 g 一个的团，至冰箱冷冻 10～20 分钟，馅心稍硬便于成形。

2. 和面：

（1）将黑糯米粉 100 g、白糯米粉 150 g、白糖 25 g、40 ℃左右的水 150 g 调和均匀，搓擦成团，即成黑糯粉团。

（2）将白糯米粉 250 g、白糖 25 g、40 ℃左右的水 150 g 调和均匀，搓擦成团，即成白糯粉团。

3. 成形：将糯米粉团搓条，分割成 10 g 一个的面剂。团搓成球形，捏成凹形坯皮，包入馅心，搓捏成光滑的小圆球即成生坯。

4. 熟制：锅水烧沸，投入圆子生坯。用勺背压在锅边轻轻推动，不使其互相黏结或粘底。待煮至汤圆浮起，加入少量凉水，即点水，煮 7～8 分钟，待圆子呈玉白色或黑色即可捞出。

5. 装碗：在碗中分别放入黑白汤圆各两枚，相互间隔摆放即成双色汤圆。

（四）风味特点

黑白分明，形圆润滑，软糯柔嫩，味甜麻香，油而不腻。

（五）技术要点

1. 馅一定要擦匀、擦透，且不可掺水。

2. 成形时，一定要将馅心居中，坯皮四周薄厚均匀，不破裂。

3. 掌握煮制火候，水要沸而不腾，切勿大火猛煮，防止汤圆爆裂。

4. 出锅时用冷水过一下，这样圆子光滑明亮，糯而不粘。

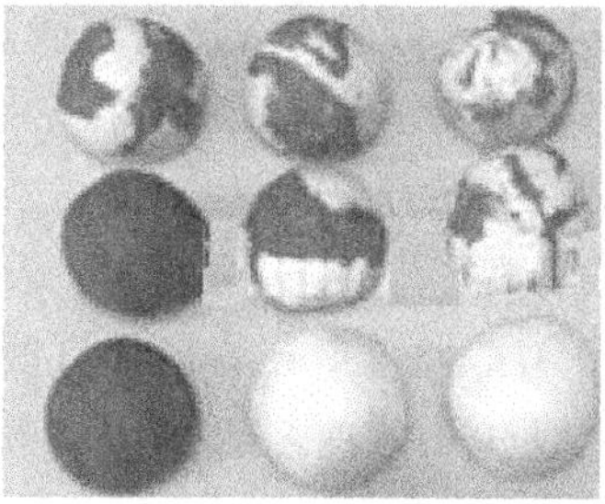

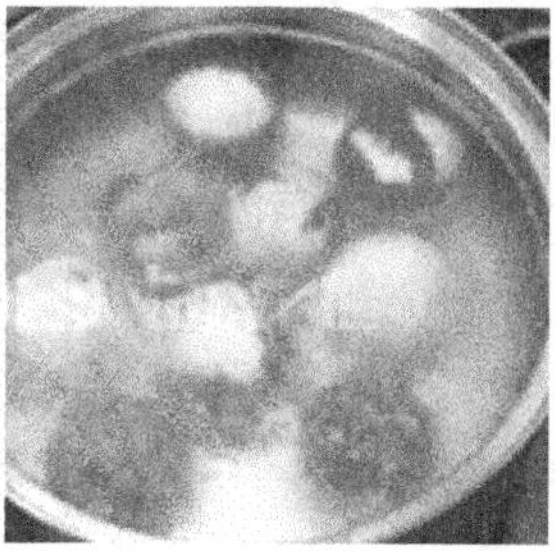

任务四 米类制品

一、蛋煎糯米饼

(一) 配方

皮料：糯米 1000 g 鸡蛋 1000 g 面粉 500 g 精盐 10 g
味精 10 g 白糖 50 g

馅料：冬笋 300 g 水发香菇 200 g 白糖 2 g 味精 5 g
白酱油 5 g 胡椒粉 5 g 猪夹心肉 500 g 料酒 5 g
大料 2 g 花椒面 5 g 芝麻油 5 g 色拉油 50 g
精盐 5 g 淀粉 25 g

(二) 工艺流程

和面——→制馅——→成形——→成熟

(三) 制作过程

1. 和面：把糯米洗净浸泡 4 小时，捞出入蒸笼中，蒸约 20 分钟成糯米饭，倒出趁热加入鸡蛋 300 g、面粉、精盐、白糖、味素拌匀，即为调好的坯料。

2. 制馅：把猪肉、香菇、冬笋洗净切成小方丁，肉丁用少许水淀粉上浆，炒锅上火放油，烧至四成热时，把上浆的肉丁滑开，留少量油，把肉丁、香菇丁、冬笋丁煸炒，然后加入调料调成咸鲜味，勾薄芡出锅成馅心，晾凉待用。

3. 成形：把调好的面团揪成 15 g 重的剂子，沾干面粉防粘，按扁包入馅心 10 g，包拢后稍按扁成扁圆形生坯。

4. 成熟：平锅添油加热至 160 ℃，将 700 g 鸡蛋液打散，把生坯放入鸡蛋液中沾一下，捞出摆入油锅中，煎至两面呈金黄色，成熟出锅。

（四）风味特点

金黄色，形圆整齐，隐约可见米粒，形似珍珠，外脆里嫩，软糯鲜香，食而不腻。

（五）技术要点

1. 糯米一定要泡够时间，泡够时间的糯米用开水浇淋两次，蒸出的饭质量好。

2. 糯米饭要蒸至软、糯、无硬心、晶莹、光亮为好。

3. 坯料要在糯米饭热的时候及时调制。鸡蛋和面粉要趁热加入饭中，可增加黏性，避免松散，若饭凉了加鸡蛋，皮稀软不宜包馅。

4. 坯料调制后，要等冷却以后（约 1 小时）再用，坯料冷却以后，黏性增加，便于包捏，否则不便包捏，容易露馅。

5. 成熟时饼铛的温度要准确；翻饼时注意保持形状，防止露馅；出锅时，成品因蛋液连在一起，要整体取出，外形别具特色。

6. 馅心可随意更换，如五丁馅、咖喱馅等。

二、粳米饭

（一）配方

粳米 500 g　水 750～850 g

（二）工艺流程

洗米──→加水──→蒸制

（三）制作过程

1. 洗米：将米放入盆内，加入足量的水轻轻地淘洗一遍即可。
2. 加水：淘洗后加水。
3. 蒸制：放入蒸锅中蒸制，冒汽计时 30 分钟。

（四）风味特点

色泽洁白，晶莹，油亮，软滑，清香，微甜。

（五）技术要点

1. 米与水的比例为 1∶1.5，比例要合适。

2. 淘一遍即可，不要搓洗，否则会使营养素流失。

3. 蒸饭时，不要用生冷的自来水，刚接的自来水含有次氯酸，它会破坏米中的 B 族维生素。尽量使用矿泉水或用加热过的自来水。

三、扬州炒饭

（一）配方

米饭 500 g　青豆 50 g　胡萝卜 50 g　火腿肠 50 g　鸡蛋 100 g　葱花 25 g　盐 3 g　香油 1 g　豆油 30 g　色拉油 40 g　虾仁 50 g　香菇 50 g　味素 3 g

（二）工艺流程

备料──→焖饭──→炒蛋──→炒饭

（三）制作过程

1. 备料：将洗净的胡萝卜、尖椒切成大米饭粒大小的丁，火腿、香菇切成 0.6 cm 的丁，虾仁去虾线，切 1.5 cm 的丁。

2. 焖饭：将粳米焖熟，略硬，或用隔夜的饭。

3. 炒鸡蛋：将锅内放入 30 g 生豆油加热至八成热，放入鸡蛋炒熟呈金黄色出锅。

4. 炒饭：放入 40 g 色拉油加热至八成热，将胡萝卜丁、香菇丁放入锅中略炒，再将米饭放入锅中翻炒，此时放入调料，当米饭炒到在锅内可以蹦起饭粒时，再将炒好的鸡蛋、火腿、熟青豆、虾仁、葱花等全部放入锅中，直到饭粒松软不粘，这是起锅最佳时间。

（四）风味特点

色泽鲜艳，口味润美，松软溢香。

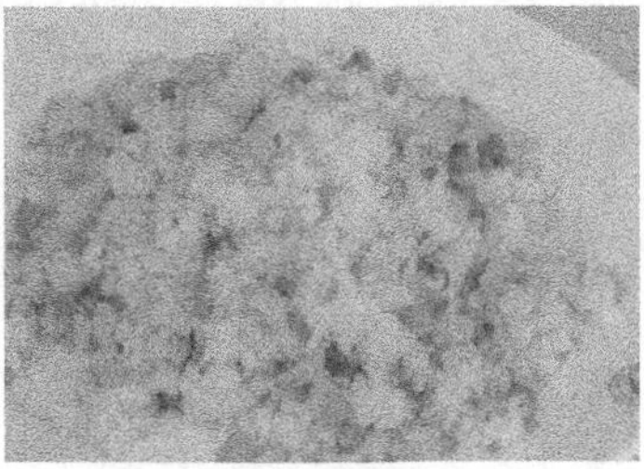

（五）技术要点

1. 白米饭应提前一晚煮好，放入冰箱过一夜，再取出下锅做成蛋炒饭，这样的饭粒会饱满、口感清爽。

2. 火腿丁应用小火煸出香味，再放入虾仁翻炒，用大火炒火腿丁容易炒焦烧煳。

3. 蛋炒饭先热干锅，下油烧热倒入蛋液后，放入米饭快速炒散，便可将金黄色的饭粒炒得香喷喷的。

4. 宜用淡酱油给炒饭调味，不可用颜色过浓的生抽或老抽调味，否则饭粒的颜色会发黑难看。

5. 扬州炒饭用油量要适中，米饭一定要炒透。

四、蛋炒饭

（一）配方

米饭 500 g　鸡蛋 200 g　色拉油 40 g　生豆油 40 g　葱花 5 g　鸡粉 2 g　盐 4 g

（二）工艺流程

备料⟶焖饭⟶炒蛋⟶炒饭

（三）制作过程

1. 备料：将洗净的香葱切成大米粒大小的丁。

2. 焖饭：将粳米焖熟，略硬。

3. 炒蛋：将锅内放入 40 g 生豆油加热至八成热，放入鸡蛋炒成蛋花出锅。

4. 炒饭：放入 40 g 色拉油加热至八成热，将米饭放入锅中翻炒，此时放入调料，当米饭炒到在锅内可以蹦起饭粒时，再将炒好的鸡蛋、葱花等全部放入锅中，直到饭粒松软不粘，这是起锅最佳时间。

（四）风味特点

色泽鲜明，松软鲜香。

（五）技术要点

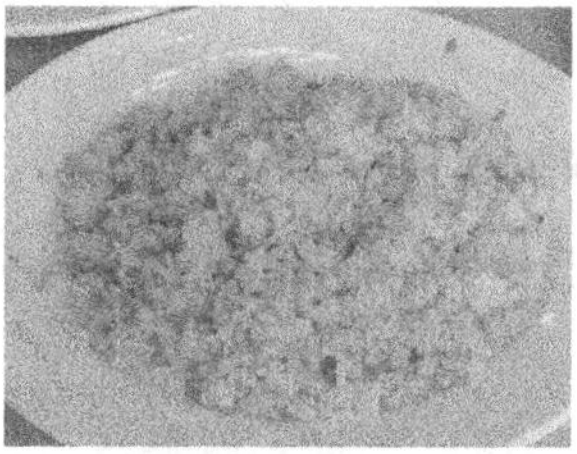

1. 白米饭应提前一晚煮好，放入冰箱过一夜，再取出下锅做成蛋炒饭，这样的饭粒会饱满、口感清爽。

2. 蛋炒饭的秘诀是先热干锅，下油烧热倒入蛋液后，放入米饭快速炒散，便可将金黄色的饭粒炒得香喷喷的。

3. 宜用白酱油给炒饭调味，不可用颜色过浓的生抽或老抽调味，否则饭粒的颜色会发黑难看。

4. 蛋炒饭用油量要适中，米饭一定要炒透。

五、鱼香肉丝盖浇饭

（一）配方

米饭 500 g　猪嫩精肉 400 g　水兰片 50 g　水木耳 20 g　葱 15 g
姜 10 g　蒜 15 g　郫县豆瓣酱 20 g　酱油 10 g　料酒 5 g
白糖 20 g　醋 20 g　水淀粉 10 g　味素 1 g　盐 1 g　鲜汤 30 g
蛋液 20 g　红油 20 g　植物油 25 g

（二）工艺流程

选料——→切配——→上浆——→兑汁——→滑油——→炒制成菜——→装盘

焖饭——————————————————————————↑（至装盘）

（三）制作过程

1. 焖饭：将粳米焖熟，略硬。

2. 备料：将猪肉改成 8 cm 长、0.3 cm 粗的丝，装碗，加少许精盐、料酒、味精煨底口，再加入蛋液、湿淀粉上浆。水兰片、水木耳切丝，葱切成豆瓣，姜、蒜切末，豆瓣酱切茸。

3. 兑汁：取小碗一个，加入鲜汤，精盐、酱油、白糖、醋、味精、湿淀粉兑成碗芡。

4. 滑油：炒勺烧热滑锅，加入中量油烧至四成热，下入肉丝滑散，再下入水兰片丝、木耳丝滑至断生，倒入漏勺沥油。

5. 熟制：勺留底油，下豆瓣酱炒出红油，下葱、姜、蒜炒出香味，再下入滑好的肉丝、兰片丝、木耳丝，烹料酒，淋入兑好的芡汁炒匀，明红油出勺，盖浇在米饭上即可。

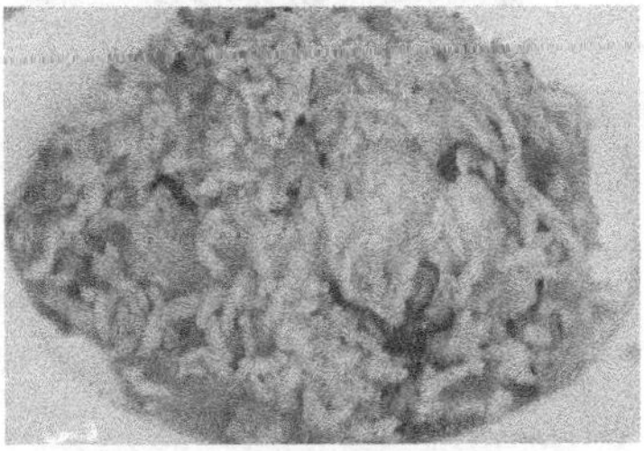

（四）风味特点

色泽红亮，质地滑嫩，咸甜酸辣兼备，鱼香味浓。

（五）技术要点

1. 肉丝要匀，上浆要饱满。
2. 注意油温，调好芡。
3. 调好口。

六、大米粥

（一）配方

粳米 400 g　糯米 100 g　水 6000 g

（二）工艺流程

称米──→洗米──→加水──→熬制

（三）制作过程

1. 称米：按配方称 400 g 粳米、100 g 糯米。

2. 洗米：将米放入盆内，加入足量的水轻轻地淘洗一遍即可。

3. 称水：将称好的 6000 g 水放入焖罐中。

4. 熬制：先将水烧开，然后把米倒入闷罐中用手勺旋搅，待水再次翻腾时改用中小火熬制，盖上闷罐盖，盖要半盖留一些空隙，使粥不致溢出锅外。其间适当至用手勺旋搅几次，待米粒熬至稍长有些膨胀改小火熬制，熬至米粒伸长、全开即熟。

（四）质量标准

粥稠、米熟，入口绵韧，香气四溢。

（五）技术要点

1. 熬粥时米要开水下锅一次加足，中途不要加凉水，否则影响粥的质量。

2. 大火煮开，小火慢慢煮熟，待米粒熬至稍长有些膨胀改小火熬制，熬至米粒伸长、全开且有韧性时即熟。

3. 煮制过程中要用手勺经常搅动，防止煳锅。

4. 煮制时不要加食用面碱，碱会破坏原料中的维生素。

5. 大米∶水＝1∶12（1∶13）。

七、大米绿豆粥

（一）配方

粳米 400 g　糯米 100 g　绿豆 100 g　水 6000 g

（二）工艺流程

称米──→洗米──→加水──→熬制

煮绿豆 ──（→加水）

（三）制作过程

1. 称米：按配方称 400 g 粳米和 100 g 糯米及 100 g 绿豆。

2. 洗米：将米放入盆内，加入足量的水轻轻地淘洗一遍即可。

3. 称水：将称好的 6000 g 水放入焖罐中。

4. 煮绿豆：将绿豆放入锅中，加入足量的水煮至八成熟。

5. 熬制：先将水烧开，然后把米和绿豆倒入闷罐中用手勺旋搅，待水再次翻腾时改用中小火熬制，盖上闷罐盖，盖要半盖留一些空隙，使粥不致溢出锅外。其间适当地用手勺旋搅几次，待米粒熬至稍长有些膨胀改小火熬制，熬至米粒伸长、全开，绿豆煮烂即熟。

（四）质量标准

粥稠、米熟，入口绵韧，香气四溢。

（五）技术要点

1. 绿豆要提前煮至八成熟。

2. 绿豆煮好后下米，待米粒煮至稍长有些膨胀改小火熬制，熬至米粒伸长、全开且有韧性时即可。

3. 煮制过程中要用手勺经常搅动，防止煳锅。

4. 煮制时不要加食用面碱，碱会破坏原料中的维生素。

5. 熬粥时水要一次加足，中途不要加凉水，否则影响粥的质量。

6. 大米：水＝1：12（1：13）。

任务五　玉米制品

一、玉米饼

（一）配方

细玉米面 400 g　酵母 5 g　泡打粉 3 g　鸡蛋 3 个　豆面 100 g　白糖 150 g　面粉 50 g

（二）工艺流程

和面——→熟制

（三）制作过程

1. 和面：将以上原料加温水调匀呈稀糊状，面糊软硬度为自然能摊开即可。

2. 熟制：将平锅升温至 180 ℃，用手勺取面糊放入锅内，要求三翻四烙，后两翻刷油。烙 10 分钟左右，呈金黄色或虎皮色，膨松柔软即成。

（四）风味特点

色泽金黄，起发均匀，有弹性，入口松软，不粘牙，香味浓。

（五）技术要点

1. 用料必须准确。

2. 调制面团时水的温度要适当，一般在 40～45 ℃。

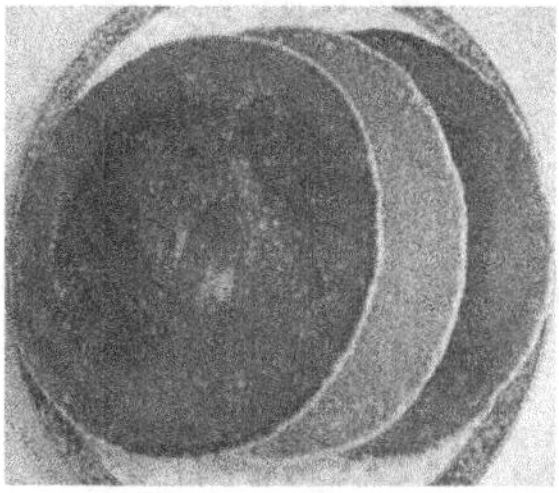

3. 用新鲜的杂粮粉制作才能保证制品松软味香。

4. 烙制时要将平锅升温至 180 ℃。

5. 锅内不可淋油，要用油布抹上少许的油，以免饼片粘锅底。

二、大碴粥

（一）配方

大粒玉米碴子 400 g　饭豆 100 g　水 4000 g　食碱 2 g

（二）工艺流程

称米——→洗米——→加水——→熬制

（三）制作过程

1. 称米：按配方称 400 g 大粒玉米碴子和 100 g 饭豆。

2. 清洗：将大粒玉米碴子和饭豆分别放入盆内，加入足量的水轻轻地淘洗一遍。

3. 泡米：将大粒玉米碴子放入一个盆内，加入足量的水浸泡 8 小时，饭豆泡至涨发。

4. 熬制：大粒玉米碴温水下锅，大火开锅后转小火煮到大粒玉米碴颗粒软涨，放入饭豆，饭豆煮到开始涨皮，兑放凉水，让豆子能快速煮熟，继续小火盖锅盖焖煮 1～2 小时，煮至豆子开口即熟。

（四）质量标准

粥稠、米烂，入口绵软，香气四溢。

（五）技术要点

1. 大碴子要用清水提前浸泡，使其充分吸水膨胀。

2. 饭豆要用清水泡 8～12 小时，泡至涨发。

3. 大火煮开，小火慢慢煮烂，熬至绵软。

4. 煮制过程中要用手勺经常搅动，防止煳锅。

5. 煮制期间要加食用面碱，使玉米中的烟酸释放出来，变成游离型的烟酸，从而被人体充分吸收利用。

6. 大碴子：水＝1：8。

任务六　澄面制品

虾饺

（一）配方

皮料：澄粉 450 g　水 850 g　盐 5～10 g　生粉 50 g

馅料：虾仁 400 g　肥肉 50 g　笋肉 50 g　白酱油 10 g　香油 10 g　料酒 10 g　盐 3 g　味素 5 g　香菜 25 g

（二）工艺流程

烫面→上馅→擦面→下剂→压皮→打馅→成形→成熟

制馅→打馅

（三）制作过程

1. 烫面：先把称好的水烧开，然后将称好的澄粉和生粉倒入开水内，不停地搅拌，使其没有白粉粒，之后把烫完的粉扣在案板上用盆盖上，让粉粒有充分的吸水过程，10 分钟之后打开，采用擦的手法把面擦匀、擦透，摊开晾凉即可。

2. 上馅：将虾仁切成指甲盖大小，笋肉与肥肉切成米饭粒大小，加入料酒等调料搅拌均匀，放入香菜末即可。

3. 压片：将面团搓成条，制成15 g一个的剂子，把刀放在剂子上用力按压成 10 cm 左右的圆片，压时三分之一略微厚一些，其余三分之二稍薄。

4. 成形：将上好的馅心打入坯皮中，左右手相帮，右手拇指与食指沿边捏 8～9 个花褶呈半圆虾形即可。

5. 熟制：将成形的虾饺摆入屉内，冒汽计时，6 分钟即熟。

（四）风味特点

色泽洁白，晶莹剔透，皮软韧、爽滑，馅心鲜美、香醇。

（五）质量标准

形态美观，色泽洁白，晶莹剔透，不塌腔。

（六）技术要点

1. 馅心原料要鲜，虾胶要搅上劲。

2. 烫澄面时，水沸后要减小火力，搅拌均匀，不可有生粉粒。

3. 包制时褶要匀，封口要严。

4. 蒸制时不可过火，否则会出现爆裂、露馅等问题，影响成品质量。

任务七　蛋制品

鸡蛋饼

（一）配方

鸡蛋 300 g　豆面 50 g　白面 400 g　水 150 g　盐 5 g　味素 5 g　鸡粉 5 g　葱花 50 g

（二）工艺流程

调制面浆──→熟制

（三）制作过程

1. 调制面浆：把打出的蛋液调匀，加入水和调味品搅匀，再加入豆面和面粉搅拌均匀，烙时放入葱花。

2. 熟制：将饼铛加热至 210 ℃左右，用手勺舀面糊倒入淋有生豆油的锅内，摊成圆饼，烙至体积膨松，呈金黄色即熟。

（四）风味特点

金黄色，体积膨松，富有弹性，柔软，蛋香浓郁。

（五）技术要点

1. 调制面糊时，粉料要徐徐加入，搅拌均匀，但面糊中仍有粉料的颗粒，一般饧 1 小时以后，粉粒充分吸收水后再进行熟制最好。

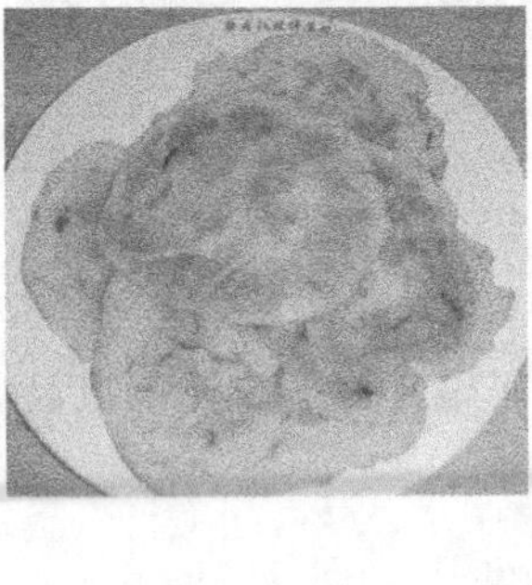

2. 烙制时，锅面要淋上较多的生豆油，锅温要控制在 210 ℃左右。

3. 烙制翻第一个时，饼面要淋上生豆油。

4. 要求三翻四烙，第一翻淋油，后两翻刷油。